Samuel Echezonachi Okere
Edith Elenwo
Ekpe Ibiam

Utilização de resíduos no cultivo de cogumelos comestíveis

Samuel Echezonachi Okere
Edith Elenwo
Ekpe Ibiam

Utilização de resíduos no cultivo de cogumelos comestíveis

ScienciaScripts

Imprint

Cover image: www.ingimage.com

This book is a translation from the original published under ISBN 978-3-659-86450-6.

Publisher:
Sciencia Scripts
is a trademark of
Dodo Books Indian Ocean Ltd. and OmniScriptum S.R.L publishing group

120 High Road, East Finchley, London, N2 9ED, United Kingdom
Str. Armeneasca 28/1, office 1, Chisinau MD-2012, Republic of Moldova, Europe
Managing Directors: Ieva Konstantinova, Victoria Ursu
info@omniscriptum.com

Printed at: see last page
ISBN: 978-620-8-53029-7

ÍNDICE DE CONTEÚDO

DEDICAÇÃO

Este livro é dedicado a Deus todo-poderoso, à minha mulher, Sra. Chikaodi Glory Okere, aos meus três filhos maravilhosos e adoráveis, Princesa, Shalom e Samuel (Jr), e aos meus pais, Sr. e Sra. Boniface Ohiri Okere

RECONHECIMENTO

Reconheço as misericórdias divinas do nosso Deus Todo-Poderoso por me ter acompanhado ao longo dos meus estudos de pós-graduação na Universidade de Port Hacourt.

A minha profunda gratidão à minha supervisora, a Dra. E.N. Elenwo, pela sua amabilidade, orientação e forte paixão por este estudo.

Estou grato à minha esposa, Sra. Chikaodi Glory Okere, pelo seu encorajamento e apoio durante todo o período de estudo. Também estou grato ao Chefe Moore Chinda, diretor da Dilomat farms and services UST Port Harcourt, por ter fornecido a semente de cogumelo utilizada neste estudo.

Também ao meu amigo, o Sr. Stanley Obinna Oko rie, por ter ajudado na aquisição de semente de cogumelos da FIRRO Lagos State:

SAM OKERE

CAPÍTULO 1

1.1 INTRODUÇÃO

1.1 O problema

Na Nigéria e noutros países em desenvolvimento do mundo, são geradas anualmente toneladas de resíduos agrícolas e domésticos. Estes resíduos não têm basicamente qualquer valor para o homem, exceto quando devidamente integrados no solo, onde ajudam a melhorar o estado de fertilidade destes solos. De outro modo, esses resíduos espalham-se pelos locais, especialmente nas zonas rurais, onde constituem um risco ambiental durante a biodegradação. Isto resulta num aumento da poluição ambiental. Os cogumelos são o 'fruto' de certos fungos, muitas espécies na Nigéria são comestíveis, embora nenhuma parecesse ser deliberadamente cultivada para esse fim até recentemente. A constatação das suas potencialidades nutritivas e terapêuticas despertou o interesse neste domínio, pelo que os indivíduos, as empresas privadas e o governo estão prontos a tirar partido deste potencial gerador de receitas. Muitas espécies, como *Pleurotus, Agaricus, Lentinus, Flammulina e Volvariella*, são cultivadas em todo o mundo (Chang e Miles, 1989). Contudo, há muitas provas de que o cultivo de cogumelos pode ser dispendioso (Schroeder, *et al,* 1970; Boers, 1971).

Atualmente, de acordo com Oci (1996), países como a China, o Japão e Taiwan desenvolveram muitos métodos de cultivo de cogumelos, mesmo com recursos limitados. Os indivíduos e os extensionistas estão agora a adaptar técnicas variadas às circunstâncias locais. Em muitos casos, os relatórios (Dickson e Lucas, (1979); Quimio, *et al.* 1990; Smith, 1993) enfatizaram a necessidade de uma preparação adequada e meticulosa dos substratos antes da inoculação com os materiais de sementeira (semente).

O número total de pessoas envolvidas a nível mundial na produção direta de cogumelos frescos pode ser estimado, de forma muito aproximada, em cerca de 150 000. Contudo, a estrutura da indústria em alguns países, como o Sudeste Asiático, Espanha, Índia e Polónia, é muito diferente da situação na Europa Ocidental ou na América do Norte. Nos primeiros países, a mecanização é limitada e, além disso, o cultivo de cogumelos é uma atividade sazonal ou secundária. Nos países desenvolvidos, a tendência é para trabalhar durante todo o ano com o nível mais elevado possível de mecanização, de forma a reduzir o custo de mão de obra. A Nigéria, como país em vias de desenvolvimento com uma taxa de desemprego muito alta, pode envolver produtivamente os seus cidadãos no cultivo de cogumelos, reduzindo, assim, a taxa de desemprego e capacitando economicamente os produtores, face a uma biotecnologia melhorada de cogumelos. De acordo com Oso, 1977b, apesar do valor alimentar e médico potencial de algumas espécies de cogumelos nigerianos, há escassez de informação de investigação sobre o seu cultivo e produção comercial.

1.2 Justificação do estudo

Os cogumelos são cultivados direta ou indiretamente em produtos de resíduos agrícolas ou compostos. Este é um dos processos mais higiénicos para reciclar os resíduos animais. O efeito positivo deste tipo de cultivo supera a poluição ambiental (i.e. aumento da produção de amoníaco e mau cheiro).

As vantagens ecológicas notáveis da cultura de fungos comestíveis incluem a reintegração eficiente de resíduos de plantas agrícolas (por exemplo, estrume de cavalo e de galinha, palha de cereais, bagaço, etc.). Os substratos fúngicos também podem ser formados a partir de resíduos industriais, tais como serradura, licor de sulfito e resíduos da indústria do papel. Por conseguinte, neste estudo, testou-se a capacidade dos resíduos de milho (espiga e casca), cascas de mandioca, cascas de laranja, resíduos de algodão, cascas de plátano e serradura para suportar o crescimento de cogumelos como forma de reintegração, reduzindo assim os seus potenciais de poluição ambiental.

Os cogumelos contêm 20-30% de proteínas e são uma fonte rica de vitaminas do complexo B e de ácido fólico, sendo também boas fontes de potássio e de sódio, não contêm amido e têm um baixo teor de açúcar. Os polissacáridos do cogumelo ostra, *Agaricus bisporus*, têm atividade antitumoral. Tendo em conta o elevado valor alimentar e medicinal dos cogumelos, será testada a melhor técnica que produzirá o melhor rendimento de cogumelos. O objetivo é aumentar o nível de proteínas e vitaminas na dieta consumida pelos nigerianos, que até agora é dominada por hidratos de carbono. Em muitos países do mundo, incluindo a Nigéria, os cogumelos comestíveis têm sido cotados como iguarias há vários anos. Para além dos seus valores medicinais, constituem uma importante fonte de alimentação num mundo ameaçado por crises energéticas e alimentares (Gbolagade 2004). Os cogumelos têm sido referidos como sendo ricos em proteínas, glicogénio, vitaminas, fibra bruta e compostos minerais essenciais (Ogundana e Fagade, 1982; Fasidi, 1996; Jonathan, 2002; Stamets, 1993).

Finalmente, tendo em conta a procura atual de cogumelos, tanto a nível local como internacional, o resultado desta investigação proporcionará meios adicionais de capacitação económica para jovens e mulheres desempregados na Nigéria e noutros locais.

1.3 Objectivos do estudo

Esta investigação tem como objetivo a utilização eficiente dos seguintes resíduos agrícolas: resíduos de milho (casca e espiga), cascas de mandioca, cascas de laranja, cascas de plátano, resíduos de algodão, serradura no cultivo de cogumelos.

Os objectivos específicos são: -

avaliar três espécies de Mushromm em sete resíduos agro-industriais.

Cultivar *Pleurotus Osteratus Var Florida* em palha de milho usando diferentes concentrações de resíduos de aves de capoeira como suplemento.

Determinar os efeitos dos resíduos de aves de capoeira na cultura de *Volvariela Volvacea* em palha de milho

Cultivar *Pleurotus Tuber-Regium* em espiga de milho com diferentes concentrações de resíduos de aves de capoeira.

CAPÍTULO 2

REVISÃO DA LITERATURA

1.2 INTRODUÇÃO

2.1 O que é um cogumelo

O cogumelo é o "fruto" de certos fungos, análogo à maçã numa árvore. A maioria dos fungos não é visível, pois colonizam e absorvem nutrientes da madeira, das folhas caídas, da matéria orgânica do solo, etc. Como grupo, os fungos podem crescer em quase todas as fontes de carbono (um substrato). Um fungo é composto por filamentos tubulares e ramificados conhecidos como hifas (uma massa de hifas é chamada de micélio). Muitos fungos, incluindo alguns que formam cogumelos, são saprófitas, obtendo o seu alimento através da colonização de matéria orgânica morta. Se um micélio prosperar, acabará por ter energia suficiente para se reproduzir. Quando a combinação de temperatura, humidade relativa, concentração de dióxido de carbono, etc., é a ideal, o fungo desenvolve uma estrutura altamente organizada chamada cogumelo. O cogumelo liberta milhões de esporos, que funcionam como as sementes das plantas. Alguns destes fungos saprófitas são cultivados pelos seus cogumelos comestíveis.

Alguns fungos são parasitas, vivendo em plantas, animais ou outros fungos. Alguns são parasitas e patogénicos, enquanto muitos são parasitas e benéficos. A parceria mutuamente benéfica entre um fungo que vive nas raízes de uma planta (que fornece açúcares ao fungo) e a planta (que recebe minerais do fungo), é chamada micorriza. Muitos fungos que formam os cogumelos mantêm relações micorrízicas com as árvores, e esta é uma das razões pelas quais as florestas são muitas vezes generosas para os caçadores de cogumelos. Alguns cogumelos selvagens, incluindo os populares porcini, matsutate e chanterelles, são cogumelos micorrízicos e, como tal, não podem ser cultivados (a menos que a árvore também seja cultivada). Estes cogumelos estão por vezes disponíveis nas lojas, mas são todos colhidos na floresta.

2.2 Classificação e morfologia dos cogumelos

Para compreender o atual agrupamento de diversas espécies, é preciso ter em mente que os fungos superiores são um grupo grande e heterogéneo, com milhares de espécies, e que as pessoas de todo o mundo, numa altura ou noutra, os experimentaram como fonte de alimento. Algumas das experiências de comestibilidade foram, sem dúvida, desastrosas e outras muito bem sucedidas. É lógico supor que em diferentes regiões foram experimentadas diferentes espécies e que a técnica para obter as espécies desejadas foi, em grande medida, a mesma que é atualmente. Apesar do atual grau de desenvolvimento da cultura de cogumelos como indústria, a maioria das espécies consumidas continua a ser colhida na natureza. Presumimos que as primeiras tentativas de cultivo de cogumelos foram feitas por alguém que observou que uma espécie desejável se encontrava normalmente à volta de uma pilha de palha ou de um monte de estrume de vaca, e que decidiu melhorar o habitat de uma forma ou de outra para obter maiores rendimentos. Além disso, sem dúvida que transplantaram amostras da pilha original para novas pilhas de substrato, de modo a aumentar a produção total. A partir deste início, à medida que se foram descobrindo novos conhecimentos relativos à natureza da planta do cogumelo, bastou um passo para transferir esta indústria primitiva para o laboratório e concentrar-se nas espécies que podiam ser levadas a produzir cogumelos num regime previsível. Atualmente, estes estudos prosseguem com vista a introduzir mais espécies no comércio e a obter rendimentos óptimos ao menor custo possível. Em resumo, a cultura de cogumelos a nível internacional não parece ter um único ponto de origem nem estar limitada a uma única espécie. Encontra-se um conjunto de espécies selecionadas apenas com base no facto de, num dado momento no passado, se ter verificado que os seus corpos frutíferos (cogumelos) eram comestíveis e que a sua produção podia ser programada de uma forma ou de outra.

O sistema de classificação dos cogumelos atualmente utilizado pelos micologistas indica relações baseadas na descendência de uma origem comum e remota

ancestrais (ou antepassados), este esquema é designado por arranjo natural ou filogenético. Neste esquema, as espécies são consideradas estreitamente relacionadas se tiverem em comum um grande número de caraterísticas relativamente estáveis na população. Uma vez que o esporocarpo é composto por filamentos (hifas) de tamanho microscópico, muitas das caraterísticas só podem ser determinadas com a ajuda de um microscópio. Tais caraterísticas são designadas por caracteres microscópicos. Os que podem ser observados a olho nu ou com a ajuda de uma lente manual são denominados caracteres macroscópicos ou grosseiros. Ambos os conjuntos devem ser considerados para postular o grau de relação entre duas populações. Atualmente, também são utilizados caracteres "químicos"; estes envolvem tanto testes empíricos para alterações de cor causadas pela aplicação de produtos químicos como a análise química do basidiocarpo.

Os fungos comestíveis cultivados para a produção de esporocarpos dividem-se em dois grandes grupos: Ascomicetes e Basidiomycetes.

2.2.1Ascomicetes: O primeiro grupo é o dos Discomycetes (fungos do copo). A atenção centrou-se no género Morchella da família Morchellaceae. Os ascocarpos desta família têm mais ou menos a forma de um taco e a parte superior do taco é perfurada. O taco é constituído por uma fina casca de tecido à volta de um interior oco.

Os ascóporos são produzidos nos ascos que, por sua vez, estão dispostos num himénio e são descarregados à força dos ascos na maturidade. A descarga de muitos ascos em conjunto produz frequentemente uma nuvem visível de poeira de esporos e é acompanhada por um ligeiro som sibilante. A espécie mais utilizada nas tentativas de cultura é *Morchella esculanta fries.*

O segundo grupo de Ascomicetes, as trufas, pertence aos *Tuberáculos*. O ascocarpo pode ser caracterizado como um fungo em forma de taça, em que a taça permanece mais ou menos fechada. Os corpos de frutificação são geralmente designados por "tubérculos" devido à sua semelhança com uma pequena batata. Os ascocarpos desenvolvem-se no solo e raramente ficam expostos na superfície superior. Os esporos, quando maduros, não podem ser expelidos para o ar, como acontece com os morelos, pelo que se supõe que tenham sido desenvolvidos outros métodos de dispersão, como a dispersão por insectos.

2.2.2Os Basidiomicetos: Os corpos de frutificação (basidiocarpos) são mais ou menos disformes a semelhantes a pires e têm uma consistência cartilaginosa a gelatinosa.

Em *Auricularia*, o himénio cobre a superfície lisa do basidiocarpo e o interior (trama) é maioritariamente constituído por hifas gelatinosas, o que confere ao corpo do fruto uma consistência cartilaginosa dura. Singer, (1961) salientou que, por esta razão, era difícil conhecer os valores da produção da parte da cultura cultivada comercialmente. O método de cultura é, mais uma vez, uma modificação da abordagem ambiental, na medida em que os toros utilizados são inoculados com a madeira de toros naturalmente infectados.

Tremella fuciformis Berkeley é um fungo gelatinoso descrito num substrato *lenhoso* da América do Sul, mas que aparentemente tem uma distribuição muito mais alargada. Os basidiocarpos são de cor branca a esbranquiçada, de textura gelatinosa e de forma foliosa a convoluta. As espécies de *Tremella* geralmente secam até quase nada, mas podem ser facilmente recuperadas por imersão. Secagem

Os ascóporos são, no entanto, o método utilizado para conservar a maior parte do material de Tremella fuciformis colocado à venda.

os *Agaricales*: Constituem o maior conjunto de fungos cujos basidiocarpos são cultivados comercialmente para fins alimentares. Os membros, seja qual for o limite que se considere a ordem, apresentam esporocarpos com grande diversidade de tamanho, forma e consistência, de tal modo que as suas caraterísticas são importantes para a taxonomia. O grau de diversidade dos basidiocarpos desta ordem depende em grande medida do conceito de ordem que se segue. As famílias que contêm um grande número de espécies carnudas são, em particular, as *Agaricacea, Lepiotacea, Pluteaceae* e *Tricholomatacea*. Todas estas famílias contêm espécies venenosas, bem como espécies comestíveis finas.

2.3 Preparação da semente

Os produtores recebem estirpes de cogumelos sob a forma de semente, que é um meio impregnado com micélio de cogumelo. É preparado em vários laboratórios de semente, em condições estéreis, numa variedade de substratos. Anteriormente, utilizava-se estrume fermentado ou caules de tabaco como substrato. Os bolos de semente eram partidos pelo produtor e distribuídos no composto. Em 1931. Sinder introduziu os cereais como um subtrato (Kligman, 1950). O micélio cresce à volta dos grãos individuais, permitindo, assim, uma melhor distribuição do ponto de inóculo no composto. Contudo, a semente de estrume é preferida para composto inadequadamente preparado. Com semente em grãos de cereal, o micélio, que cresce principalmente na superfície dos grãos, não está protegido e pode ser morto por uma quantidade relativamente pequena de amoníaco no composto. No caso da semente de estrume, o micélio também cresce no centro dos torrões, onde pode sobreviver e crescer numa fase posterior, quando o amoníaco residual tiver desaparecido.

Um terceiro tipo de semente chamado "Pelite Spawn" foi desenvolvido por Lemke (1971). A perlite é um mineral, expandido a uma temperatura de mais de 100%. Para ser utilizada como semente, é impregnada com uma solução nutritiva adequada. A semente de perlite é fácil de dispersar e os custos de produção são baixos, podendo ser produzidas grandes quantidades de forma económica e a semente pode ser armazenada durante muito tempo. Contudo, a semente de perlite é também suscetível de ser submetida a uma preparação inadequada do composto.

Uma quarta possibilidade foi tentada por Dijkstra, *et al.* (1972) que utilizaram com sucesso micélio de culturas submersas (de um fermentador) como semente. Esta possibilidade também foi sugerida por Toren (1967), mas ainda não foi explorada comercialmente.

2.4.1Preservação da cultura

O êxito da produção de cogumelos depende da manutenção adequada de semente de cultura pura, capaz de produzir corpos de frutificação de alta produtividade e de excelente sabor, textura e cor, e que seja resistente a pragas e doenças. A maioria dos produtores de cogumelos tem que confiar inteiramente nos produtores comerciais de semente e nas fábricas de semente de grandes explorações de cogumelos para fornecer produtos fiáveis. Dado que não existe uma forma satisfatória de verificar e avaliar as qualidades da semente através de um exame rápido no local, é de importância primordial um método de conservação de estirpes selecionadas que tenham sido exaustivamente testadas e que se tenham revelado desejáveis.

2.4.2Método convencional

Dois métodos convencionais para a conservação da identidade e integridade de culturas de semente têm sido geralmente praticados na indústria de cogumelos em todo o mundo. As culturas-mãe são frequentemente mantidas num estado de crescimento ativo, em condições laboratoriais óptimas, num substrato sólido adequado, usando um sistema de transferências periódicas a intervalos de tempo razoáveis.

Em alternativa, as culturas de semente são restabelecidas em cultura de campo, utilizando técnicas de isolamento de basidiósporos simples ou em massa ou de cultura de tecidos a partir de corpos de frutificação recentemente colhidos. (Chang, 1972. Fritsche, 1966; Hayes e Kligman, 1943; Kneebone, 1965, 1968; Lambert, 1959; Singer 1961). No entanto, é relativamente comum a perda parcial da capacidade de formação de cogumelos e das qualidades desejadas, devido à degradação e mutação durante a propagação vegetativa prolongada de culturas de reserva ou à recombinação genética e seleção no cultivo contínuo no campo de culturas reanimadas, na semente produzida a partir de culturas mantidas por estes métodos (Burneth, 1975). Para além disso, estes procedimentos convencionais de conservação de fungos vivos são demorados, dispendiosos e arriscados.

2.4.3: Congelar - Secagem e Congelação

Atualmente, os métodos mais eficazes para a preservação de fungos vivos são a liofilização e a congelação e armazenamento em azoto líquido. A liofilização tem sido considerada um meio económico e eficaz de preservação a longo prazo de fungos portadores de esporos. Neste processo, os esporos são congelados e, ao mesmo tempo, secos sob pressão reduzida numa atmosfera de vácuo. Assim, a água disponível nos esporos é removida rapidamente. Sob esta condição, os esporos permanecem dormentes durante longos períodos de tempo. Infelizmente, esta técnica não é adequada para a manutenção da forma micelial de culturas de fungos, e as culturas de semente de cogumelos não sobrevivem ao processo vigoroso de liofilização.

2.4.4Congelação criogénica

As temperaturas criogénicas atualmente utilizadas são as do azoto líquido (-196^{oc}) e do vapor de azoto líquido (-150^{oc} e inferiores). Com a disponibilidade comercial de materiais e equipamentos criogénicos, este processo tem sido amplamente utilizado em todo o mundo, numa base de rotina, por vários laboratórios com objectivos muito diferentes. Discutiu-se também a viabilidade de aplicar a armazenagem criogénica a semente de culturas puras de cogumelos cultivados e este procedimento de armazenagem parece ter muitas vantagens em relação à prática atual de restabelecer periodicamente as reservas de semente na produção de cogumelos. Verifica-se uma redução da variabilidade da semente, a eliminação de testes de produção repetidos, a prevenção de perdas devidas à eliminação e um aumento da disponibilidade constante de semente fiável e da confiança dos produtores de cogumelos.

2.5 Preparação do composto

Em todas as formas de compostagem para a produção de cogumelos, o principal objetivo é fornecer concentrações adequadas de nutrientes para apoiar a cultura e proporcionar um elevado grau de especificidade aos cogumelos, de modo a que estes dominem à custa de outros microrganismos concorrentes.

Os primeiros métodos de compostagem baseavam-se nas abordagens empíricas dos agricultores, mas a baixa produtividade e mesmo o fracasso das culturas eram comuns. Uma grande melhoria foi introduzida por Pizer (1937) e Pizer e Thompsom (1938) que mostraram que quando os colóides no composto eram dispersos, dando uma textura "gordurosa" caraterística, o crescimento do micélio era restringido. Descobriram que, com a adição de sulfato de cálcio (gesso), os colóides floculavam, dando uma estrutura mais granular com maior capacidade de retenção de água e melhorando muito o crescimento micelial quando semeado.

O significado e a importância da pasteurização como parte integrante do processo de compostagem foi percebido por Lambert (1941) e a prática é agora aplicada rotineiramente a todos os procedimentos de compostagem. Também importante foi a introdução de ajudas mecânicas para substituir o revolvimento manual, o que contribuiu muito para a melhoria. Além disso, foi introduzido um certo grau de normalização com as máquinas de revolvimento que levou ao desenvolvimento de dois métodos contrastantes de compostagem, que diferem não só no tempo para completar a compostagem, mas também na natureza dos ingredientes e no papel funcional do processo de aquecimento máximo.

No método curto, descrito por Sinden e Hauser (1950, 1953), os compostos são preparados em duas fases - fase 1, durante um período de 7 dias e um mínimo de 5 dias e que inclui pasteurização a vapor.

A ênfase é dada ao tamanho e à forma da pilha da fase 1, a fim de maximizar a atividade microbiana, um processo que é continuado até à fase II, através do controlo do arejamento e da temperatura. Em contrapartida, um "método longo" foi descrito por Rasmussen (1962). Neste método, a fase 1 é alargada para 16 dias e os ingredientes, a forma e o tamanho da pilha são ajustados de modo a produzir um procedimento de fase II mais curto que envolve principalmente a pasteurização com vapor vivo.

2.5.1Materiais e sua utilização na compostagem

Uma classificação e uma breve descrição do papel funcional dos materiais utilizados na compostagem foram recentemente compiladas por Hayes (1977). Estes materiais são apresentados a seguir:- (a) **Vegetais - materiais de base**

A palha de trigo é a preferida, mas quando não está disponível, pode ser utilizada palha ou feno de cevada, centeio, aveia e arroz. A principal função é fornecer um reservatório de celulose, hemicelulose e lenhina, que é utilizado durante o crescimento da semente e durante a frutificação. É também fornecida uma quantidade variável de azoto.

Estes materiais também proporcionam uma estrutura física à mistura que, quando se adiciona água e outros ingredientes, assegura os espaços de ar necessários para proporcionar uma condição predominantemente aeróbica em toda a massa, para a formação de uma população microbiana e subsequente colonização do composto pelo próprio cogumelo. A fim de obter estas condições essenciais, é frequentemente necessário quebrar mecanicamente a palha e outros materiais vegetais até um comprimento adequado antes da sua utilização. Outros materiais, como sejam resíduos de cana-de-açúcar, são finos e consolidam-se facilmente, enquanto que as palhas de arroz e de barro são, geralmente, moles e desfazem-se rapidamente durante a compostagem, exigindo um ajustamento necessário dos horários e/ou da taxa e do tipo de suplementação. O cultivo de cogumelos comestíveis com resíduos agrícolas, tais como palha de arroz e de trigo, é um processo de valor acrescentado para converter estes materiais, que de outro modo seriam considerados resíduos, em alimentos para consumo humano. Representa uma das formas biológicas mais eficientes pelas quais os resíduos podem ser reciclados (Madan, *et al.* 1987).

(b)Suplementos para ativação de Fermentações

Os suplementos para fermentações podem ser categorizados de acordo com a quantidade e o grau de temperatura que deve ser mantido, aproximadamente, a 30±2^{oc}. Uma temperatura mais baixa leva ao retardamento do desenvolvimento do corpo de frutificação e ao aumento do período de cultivo. Uma temperatura mais alta aumenta o desenvolvimento dos corpos de frutificação e reduz o rendimento ou, pelo menos, prejudica a qualidade dos cogumelos; abaixo de 20^{oc} não há produção (Chang, 1965). A temperatura ambiente deve aumentar novamente para 34° -35^{oc} no final do primeiro fluxo, durante dois a três dias; durante este período, os micélios para o segundo fluxo desenvolver-se-ão.

O teor de humidade das camas de cogumelos de palha, em condições naturais, deve ser de 65-70% (Chang, 1965) e o do composto de resíduos de algodão, ao encher a sala de cogumelos, deve ser de, aproximadamente, 70%. Para ambas as condições de cultivo, a humidade relativa do ar em redor das camas deve ser de 80-90% (Chang, 1965; Yau e Chang, 1972). Nas salas de cogumelos de palha, esta humidade pode ser mantida borrifando, frequentemente, os caminhos e as paredes com água. No caso de canteiros de palha de arroz, em condições naturais, é possível fornecer a humidade necessária fazendo correr água para as valas circundantes e regando os canteiros uma ou duas vezes por dia, dependendo do clima. A rega deve ser ligeira e regular. Uma rega vigorosa pode prejudicar gravemente o desenvolvimento dos micélios e o desenvolvimento dos cogumelos jovens. Em geral, quanto menos frequente for a rega, melhor, mas, normalmente, é necessária uma rega completa depois do primeiro fluxo para o composto de resíduos de algodão e água aplicada de dois em dois dias para as camas de palha de arroz. Uma ventilação correta é um meio importante para estabelecer a temperatura e a humidade adequadas para o desenvolvimento de cogumelos de palha.

2.8.2Substrato e rendimento

Devido ao facto de *V. volvacea* ter crescido originalmente em palhas de arroz, é conhecido como cogumelo de palha de arroz ou simplesmente como cogumelo de palha. Também se sabe que se desenvolve numa combinação de palha de arroz e resíduos de algodão (Yau e Chang, 1972), composto de resíduos de algodão (Chang, 1974), capim-da-índia e bagaço de cana de açúcar (Mantel, 1967, 1969; Hu, *et al.* 1973), folhas secas de bananeira (Wade, 1970), resíduos de pericarpo de palmeira de óleo (Yong e Graham, 1973, Graham e Yong, 1974), jacinto de água (Chang e Mok, 1971) e estopa de sisal (Tu, *et al.*1972).Os resultados com resíduos de algodão foram muito melhores do que com o material tradicional, palha de arroz (Yau e Chang, 1972; Hu, *et al.* 1973; Chang, 1974).

Os rendimentos do cogumelo de palha diferem muito, dependendo do método cultural e da qualidade do substrato. No Vietname, 1M^2 de cama de palha produziu um rendimento máximo de cerca de 1 kg de cogumelos em duas semanas (Bouriquet, 1964). Nas Filipinas, os rendimentos médios foram de 2,93 por/M^2 de cama de palha de arroz, com colheitas médias diárias de 0,33 kg para o primeiro fluxo e 0,08 kg para os fluxos seguintes (Alicbusan e Ela, 1967). Os rendimentos em condições de interior são muito superiores aos do exterior. Por exemplo, em Hong Kong, o rendimento médio de

O rendimento médio em condições de interior foi de 7 kg de cogumelos frescos por 100 kg de palha de arroz seca (Chang, 1965). O rendimento médio em experiências no interior foi de 28,3% do peso seco da palha. Quando a palha de arroz foi parcialmente substituída por resíduos de algodão, o rendimento médio de cogumelos frescos foi de 85,7% do peso seco ou 28,7% do peso total de resíduos de algodão e palha de arroz (Yau e Chang, 1972). A produção de cogumelos a partir de composto de resíduos de algodão em condições controladas foi de 45,2% (Hu, *et al.* 1973). 25 -35% (Chang, 1974), 28,2% (Tzeng, 1974) e 40%.

2.8.3Métodos de cultivo:

Na Ásia, existem, geralmente, dois meios de cultura comerciais para o cultivo de cogumelos de palha. Um é a utilização da palha de arroz tradicional, que é atada em pequenos feixes e transformada em cama. Este meio é particularmente apropriado para produtores rurais em regiões tropicais. O segundo método é a utilização de resíduos de algodão que, misturados com farelo de arroz e calcário, se transformam em composto após um curto período de fermentação. Este método exige elevados investimentos de capital para a construção de uma sala de cultura e equipamento, para além de experiências especializadas no controlo das condições.

(a) Os métodos tradicionais de utilização da palha de arroz

O cultivo de cogumelos de palha pode ser tão simples ou tão complicado como se quiser fazer. Na Indonésia e na Malásia, os produtores de arroz apenas deixam a palha de arroz (também se podem usar nenúfares secos, folhas de bananeira e folhas de milho) debaixo das árvores e não voltam a olhar para ela até os cogumelos aparecerem em cachos. *As* palhas *de V. volvacea* são feitas em cima de uma base de 20-30 cm de altura de solo, pedras ou uma armação de madeira, em todos os casos a base deve ser forte e firme para aguentar o peso da cama. A plataforma elevada pode ser de qualquer comprimento, mas deve ter 75 cm de largura. Isto fará com que o estrado seja ligeiramente mais largo do que os materiais de cama de palha agrupados.

A palha limpa, fresca e seca, é um pré-requisito para o cultivo bem sucedido de cogumelos. Meio seco,

As palhas com bolor ou em decomposição podem abrigar organismos destrutivos e produzir substâncias nocivas. Antes de a palha de cama ser colocada em cima da plataforma, é embebida em água ou completamente humedecida e depois colocada em pilhas durante 12 a 24 horas. Esta etapa é aproximadamente análoga à disponibilidade dos nutrientes. O sítio é apresentado a seguir.

(a)Categoria 1: Estrume: Inclui **o estrume de cavalos, galinhas e porcos**.

Uma vasta gama de outros estrumes é utilizada menos extensivamente em algumas regiões do mundo, por exemplo, estrume de ovelha, mula, iaque, cabra, vaca, boi e elefante. Estes estrumes são extremamente variáveis em termos de composição acima de 5%. Os hidratos de carbono estão geralmente presentes mas, tal como o azoto, são libertados a um ritmo lento, o que se aplica especialmente ao estrume de galinha.

Para além dos nutrientes, os estrumes contribuem grandemente para a densidade aparente final dos compostos, uma consideração económica muito importante nas unidades de cultivo intensivo, predominantes no Reino Unido e nos países ocidentais.

(b) Categoria II; nutriente disponível: A sua solubilidade e capacidade de extração na água tornam-nos prontamente disponíveis. Podem ainda ser subdivididos da seguinte forma:

(1) Nutrientes ricos em hidratos de carbono, por exemplo, melaço, grãos húmidos de cerveja e rebentos de malte, resíduos de batata, açúcar melaçado, polpa de beterraba, sumo de maçã e de uva, resíduos do rúmen dos matadouros e activadores próprios que contêm melaço. O teor de azoto é geralmente inferior a 1,5%, exceto no caso dos últimos mencionados.

(2) Nutrientes ricos em azoto, como o sulfato de amónio, o nitrato de cálcio e amónio e a ureia. O teor de azoto é geralmente elevado, mas contém uma quantidade muito pequena de carbono ou mesmo nenhuma.

(c) Concentrado de categoria III; farinhas: Estas farinhas são utilizadas para alimentação animal e fertilizantes do solo. Neste grupo, tanto o azoto como os hidratos de carbono são disponibilizados de forma relativamente lenta e incluem rebentos de malte secos, grãos de cerveja secos, polpa de beterraba sacarina não melaçada, espigas de milho, sêmeas de trigo, farinhas de sementes de algodão, rícino de soja, linho oleaginoso, sésamo, etc., farinha de ossos e sangue seco e farinhas preparadas a partir de miudezas e outros resíduos de matadouros. O teor de azoto pode variar entre 3-12%, consoante a fonte, exceto no caso da polpa de beterraba sacarina não destilada e das espigas de milho, que contêm cerca de 1% de azoto. O teor de óleo e de minerais de algumas farinhas pode ser importante para a nutrição dos cogumelos, uma vez que proporciona um fornecimento imediato de acetato, que, em estudos de culturas puras, demonstrou ser importante para a nutrição.

(d) Categoria IV; Suplementos destinados a corrigir deficiências minerais

Trata-se de adubos como o potássio, o superfosfato e as misturas de metais vestigiais. O gesso também pode ser incluído neste grupo e serve para precipitar materiais coloidais em suspensão e evitar a oleosidade.

Cada uma das categorias de materiais nutritivos acima referidas deve ser considerada não só em relação aos nutrientes fornecidos, mas também ao grau de disponibilidade de nutrientes e ao seu efeito na sucessão ecológica de microrganismos. A escolha do material dentro de cada categoria é largamente determinada por factores de custo e/ou disponibilidade local.

2.5.2Formulações de composto

Os princípios subjacentes ao cálculo de fórmulas adequadas foram descritos adequadamente por Hayes (1977). A maior parte dos ingredientes 1 e 2 acima referidos. As matérias da categoria 3 são frequentemente incluídas para obter um equilíbrio, mas são de particular importância para as misturas feitas a partir de estrume leve e palha proveniente de estábulos de corrida, de equitação e de coudelaria ou de misturas que não incluem estrume. Estas são popularmente designadas por misturas sintéticas. Apresentam-se de seguida alguns exemplos de formulações típicas.

Um objetivo amplamente adotado no formulário de cálculo é alcançar uma forma de equilíbrio entre a gama de nutrientes fornecidos pelos materiais incluídos, especialmente o carbono e o azoto, mas é geralmente medido apenas em termos de azoto. Uma mistura contendo entre 1,4 e 1,5% de matéria seca é o objetivo habitual no início da compostagem, que, se for corretamente equilibrada, deverá produzir um composto que varia entre 2,0 e 2,3% no final do processo. Embora não existam normas aceites, é necessário um teor de água de, pelo menos, 75% no momento da preparação da mistura para se obter um nível esperado entre 67 - 72% no final da compostagem.

Peso fresco dos materiais utilizados em algumas formulações típicas para a preparação de compostos.

A)) Depois de Yoder e Sinden (1953)

Feno - 1016 kg

Espigas de milho picadas - 1700 kg

Cloreto de potássio - 11,3 kg

Ureia - 13,6 kg

Nitrato de amónio - 11,3 kg

Grão de cerveja seco - 34 kg

Gesso - 22.7kg

B) Depois de Hayes e Randle (1969)

Estrume de cavalo - 1016 kg

Estrume de galinha - 101.6kg

Melaço - 38,1 kg

Farinha de sementes de algodão - 15.24kg

Gesso - 15.24kg

C) Depois de Schisler (1974)

Feno - 68 kg

Espigas de milho - 68kg

Grão de cerveja - 13.6kg

Estrume de aves de capoeira - 11.33kg

Ureia - 1.18kg

Potássio - 1.63kg

Gesso - 4.53kg

2.5.3Pasteurização

O arejamento e o controlo da temperatura são caraterísticas importantes do processo da fase II e, no método curto, fazem parte integrante do processo de compostagem. No método longo, a fase II serve apenas o objetivo da pasteurização. O composto, quando cuidadosamente preparado, gera pouco calor, pelo que as temperaturas do ar e da cama devem ser aumentadas artificialmente. O baixo nível de atividade microbiana requer relativamente pouco oxigénio e uma redução correspondente da necessidade de ar fresco.

Para uma pasteurização típica, 50 toneladas métricas de composto são colocadas numa sala de aquecimento com 11m x 6m x 5m de altura (capacidade de 330m^3). Quando o enchimento está completo, a temperatura do composto é de 45^{oc} nos primeiros tabuleiros cheios, variando até 35^{oc} no último tabuleiro cheio. Depois de fechar a sala, um ventilador recircula o ar dentro da sala com o ar fresco para aumentar a temperatura. Quando a temperatura do composto atinge os 50^{oc}, é necessário mais ar fresco do que o permitido pelas fugas na maior parte das salas de aquecimento e a entrada de ar fresco é aberta em conformidade. Nesta altura, o objetivo é igualar e manter as temperaturas em todos os tabuleiros a cerca de 50° - 55^{oc} através de uma vigorosa circulação de ar. O calor é necessário no início, mas logo que a temperatura do composto atinja 50^{oc} deve ser mantida pelo seu próprio calor metabólico. Isto pode não ser possível em compartimentos térmicos mais pequenos, com 200 m^2 ou menos. Uma vez que as perdas estruturais de calor são relativamente maiores.

O volume de ar necessário varia muito com a qualidade do composto, mas um requisito típico para manter as condições aeróbias e a remoção de dióxido de carbono é de 0,5 m^2 de ar fresco/minuto/tonelada de composto. O controlo da temperatura de um composto vigoroso numa grande sala de aquecimento pode exigir 5m^3/minuto/tonelada de composto.

O agente tradicional de pasteurização é o vapor que é injetado para aumentar a temperatura do ar para um mínimo de 60^{oc} durante mais uma hora. Isto é feito normalmente 24-48 horas após o início do processo de pasteurização, mas pode ser injetado no final. Em 1970, Hayes e Randle relataram em a utilização correta de um fumigante, o brometo de metilo, como substituto do vapor, sendo este método praticado por muitos produtores. Contudo, uma vez que este fumigante é altamente tóxico para os mamíferos quando inalado, são necessárias precauções especiais para a sua aplicação.

Uma vez que a continuação de temperaturas elevadas desperdiça nutrientes e pode frequentemente estimular um novo

fase de atividade conhecida como "fermentação secundária". A conclusão do processo da fase II

após a pasteurização é fundamental. Na prática, o ponto final é determinado pela ausência de amoníaco no composto e no ar. Quando não se detecta amoníaco, pode ser fornecido o máximo de ar fresco para arrefecer o composto para a inoculação. Se a sementeira for efectuada abaixo de 25$^{(oc)}$, a semente estabelece-se mais lentamente; acima de 33^{oc}, há um risco considerável de sobre-audição.

2.6 Métodos de cultivo em casa de vegetação

a) **A cama de cumeeira:** Já no século XVIII' em Inglaterra, os cogumelos eram cultivados à escala doméstica em estufas. Existem descrições desta prática, por exemplo, Callow (1831), que mostrava que o composto era feito a partir de estrume de cavalo, empilhando-o e virando-o até perder o calor, e que os canteiros eram feitos no chão, debaixo da bancada da estufa. A semente era desenterrada dos campos ou dos caminhos onde se sabia que os cogumelos cresciam e os canteiros eram revestidos com terra. O objetivo e a dimensão destas culturas consistiam principalmente em fornecer cogumelos para as famílias do país, na propriedade onde eram cultivados. O cultivo comercial sério começou muito mais tarde.

b) O sistema de prateleiras: A cultura comercial de cogumelos em casa, tal como a conhecemos atualmente, desenvolveu-se pela primeira vez com a construção de casas equipadas com prateleiras sobre as quais se encontravam as camas, nomeadamente nos Estados Unidos, no primeiro quartel do século XX.

Desenvolveu-se um modelo padrão de casa, que foi utilizado durante muitos anos, denominado "standard double". Consiste em duas casas sob um único telhado em V, cada casa com 371,6 m^2 de área de cama em dois níveis, cada um com seis prateleiras. As prateleiras estão separadas por cerca de 0,53 m, estando a mais baixa a cerca de 20 cm acima do chão, e têm 1,5 a 1,8 m de largura. Os corredores entre os dois níveis e ao longo das paredes laterais permitem o acesso a toda a volta das prateleiras, com passadiços elevados a cerca de 2,1 m acima do chão para servir as prateleiras mais altas. A estrutura das prateleiras é constituída por uma estrutura de postes verticais de madeira com pares de barras transversais em cada nível de prateleira, sobre as quais são colocadas as meias tábuas.

c) O sistema de bandejas: Este sistema, também chamado em várias modificações de sistema de duas zonas, três zonas ou multizonas, foi concebido em 1934 pelos irmãos Knaust.

A alteração fundamental que introduziu foi a utilização de edifícios separados para duas ou três fases da cultura. O material de cultura, o composto, era transportado em tabuleiros durante todo o processo, em vez de ser colocado em estantes e permanecer na mesma casa durante todo o processo.

Os factores económicos envolvidos em qualquer tentativa de comparar os sistemas de prateleiras e de tabuleiros são tão complexos que não existe uma resposta geral a favor de um ou de outro. Para além do aspeto económico, existem factores culturais a favor de cada sistema.

No sistema de tabuleiros, tal como é normalmente praticado, os tabuleiros são enchidos com composto e empilhados numa "Sala de Calor" (HR) para pasteurização. No final do processo, normalmente no prazo de 6 dias, os tabuleiros são retirados, inoculados e transferidos para uma "sala de cultivo de semente" (SGR). Normalmente, permanecem aí durante 13 dias, nalgumas explorações por um período mais curto, após o que são retirados e transferidos para as suas "salas de cultivo" (CR) finais. Entram na cultura cerca de 17 a 21 dias após o encasulamento, e o período de colheita habitual é de 5 a 7 semanas. Assim, uma sala de aquecimento preenchida semanalmente, com duas salas de sementeira utilizadas em semanas alternativas, pode fornecer dez salas de colheita utilizadas semanalmente e ocupadas durante 10 semanas de cada vez, menos o dia ou dois necessários para esvaziar, limpar e desinfetar a CR antes de a voltar a encher.

O mesmo RH e dois SGR podem fornecer nove CR num ciclo de 9 semanas, ou qualquer outro número e duração de ciclo que seja preferível.

d)) O sistema compacto: Trata-se de um desenvolvimento do sistema de tabuleiros no qual os tabuleiros são transportados em pilhas de dez em carrinhos que se deslocam sobre carris. Cada carrinho, com a sua pilha de dez tabuleiros, é empurrado para dentro da sua casa, sala de aquecimento, sala de sementeira ou sala de cultivo, numa extremidade, e para fora na outra extremidade.

A principal área de cultivo da quinta está construída em três andares. Os pisos inferior e superior têm blocos de salas de colheita. Em cada extremidade do bloco de salas há uma passagem que atravessa todas as salas, com um elevador que pode receber uma pilha de dez tabuleiros no seu carrinho e elevá-los ou baixá-los para os entregar um de cada vez à linha de colheita. Do outro lado da linha, são levados por outro elevador e devolvidos em pilhas de dez à entrada da casa de onde vieram. Os carrinhos movem-se da mesma forma que os tabuleiros, sendo colocado um carrinho extra no sistema para receber a primeira pilha de tabuleiros após a recolha.

Ao nível do solo, existe um estaleiro de compostagem, uma sala de aquecimento, uma sala de criação de semente e a maquinaria habitual para estas operações preparatórias. Todas as salas recebem ar filtrado e condicionado, distribuído uniformemente pelos tabuleiros.

(e)Cultivo em sacos Os tabuleiros são dispendiosos, constituem um elemento importante do custo de capital quando se inicia uma exploração agrícola e a reparação de avarias é uma despesa contínua. Uma forma de evitar estes custos, concebida e utilizada pela primeira vez na Dinamarca por volta de 1959, foi a utilização de sacos de polietileno para conter o composto.

O composto é geralmente pasteurizado em tabuleiros ou a granel e é inoculado à medida que entra nos sacos. Podem ser embalados de uma só vez ou após o período convencional de crescimento da semente.

Os sacos têm normalmente cerca de 25 kg de composto e têm cerca de 45 cm de profundidade, com uma superfície de 0,1 m^2. Normalmente ficam no chão, embora tenham sido construídas explorações com sacos no chão e prateleiras elevadas. A colheita é muito fácil com sacos apenas no chão, e é mais rápida do que em tabuleiros ou prateleiras. Com sacos apenas no chão, um edifício só pode conter cerca de metade da quantidade de composto que teria com tabuleiros ou prateleiras, pelo que a cultura em sacos é menos económica em edifícios de custo elevado. É mais adequado em grutas, túneis, edifícios adaptados de baixo custo ou edifícios especiais, de baixo custo, mais especializados.

O composto para o cultivo em sacos deve ser um pouco mais seco, cerca de 62-65% no momento da sementeira, em comparação com 56-70% para as camas ou tabuleiros. Devido à sua forma mais compacta, os sacos retêm melhor o calor gerado no composto do que os canteiros abertos, e devem ser arrefecidos com ar fresco ou com um frigorífico se ameaçarem sobreaquecer.

No final da colheita, a parte superior do saco pode ser dobrada para ser transportada para fora da casa ou da área de cultivo, minimizando o risco de propagação de pragas ou doenças.

e) 6.1 Casas de cogumelos

Utilizou-se uma grande variedade de modelos e materiais de construção para as casas de cogumelos. Muitas das primeiras eram construídas em madeira com uma cavidade entre duas camadas. Mais tarde utilizou-se tijolo, também com uma parede de cavidade, e também se utilizaram blocos de betão de forma semelhante. Os blocos leves com isolamento de betão são particularmente adequados, eliminando a necessidade de uma cavidade.

Estas primeiras casas tinham normalmente um telhado inclinado e um teto falso plano que era isolado, primeiro com cortiça granulada, mais tarde com fibra de vidro, lã de rocha, vermiculite ou espuma de plástico. Muitas vezes, os ventiladores superiores abriam para o espaço entre o teto e o telhado, o que era uma situação perigosa se o material de isolamento fosse absorvente de água.

O ar de exaustão das casas de cogumelos em qualquer fase da cultura é muito húmido, a condensação em fibra de vidro, lã de rocha ou alguns plásticos espumados pode destruir o seu efeito isolante e pode causar danos estruturais.

Um desenvolvimento recente que permite uma construção muito rápida é a utilização de betão para paredes moldadas in situ, utilizando cofragens. Se for utilizado betão simples, deve ser adicionado um bom isolamento no interior ou no exterior, mas se o betão for feito com um agregado isolante leve, poderá não ser necessário um isolamento adicional.

Uma forma de construção muito popular nos últimos anos é a casa feita de chapas onduladas curvas de asbestor, três das quais são unidas para formar uma secção semicircular da casa. É possível construir uma casa de qualquer comprimento utilizando o número adequado destas secções, e estão a ser utilizadas casas de cogumelos deste tipo com 13 a mais de 30 metros de comprimento. Normalmente, são isoladas adicionando fibra de vidro ou espuma de plástico flexível ao exterior da estrutura dos abestors e cobrindo-a com duas camadas de polietileno preto ou feltro para telhados. O polietileno preto deve ser reforçado com redes de malha grossa ou cordas para evitar que o vento o levante e deve ser pintado com uma tinta à base de óleo de alumínio para reduzir a perda de calor no inverno e o ganho de calor solar no verão. O feltro do telhado também precisa de ser protegido com cordas ou redes de arame e tinta de alumínio nas paredes finais construídas com tijolos, blocos de betão ou outros materiais convencionais.

A forma de construção menos dispendiosa é a casa de polietileno concebida por Allen na estação experimental de horticultura de Lee Valley. Trata-se de uma adaptação da "casa de vidro" de polietileno. Tem uma estrutura semicircular de tubo de aço, que é coberto por uma camada de rede plástica apertada, uma folha de polietileno transparente ou branco de calibre 500, duas ou três camadas de fibra de vidro ou (melhor) poliestireno espumado, uma folha de polietileno transparente e uma folha de polietileno preto, e cordas ou redes. A folha exterior de polietileno preto é pintada com tinta de alumínio.

Estas casas também podem ser construídas em paredes laterais para melhorar a altura livre nos lados. As extremidades são feitas com uma estrutura de madeira, que também suportava a porta coberta com duas camadas de polietileno com isolamento entre elas.

2.7.1Cultivo de Pleurotus

2.7.2Crescimento dos micélios

Pleurous ostreatus, Pleurous. Florida, Pleurotus cornucopiae e *Pleurotus salmoneo stramineus* caracterizam-se pela rapidez de crescimento e pela elevada capacidade de colonização saprofítica do micélio. Este atributo facilita uma penetração rápida do substrato pelo fungo, o que simplifica o cultivo como um todo. O cogumelo-ostra, *Pleurotus sajo-caju,* é um dos cogumelos especiais cultivados com mais sucesso e é atualmente utilizado em vários materiais lenho-celulósicos, tendo sido investigado por vários investigadores (Boskara, *et al.* 1978; Zadrazil,1980b) que mostraram que *Pleurotus sajor-caju* tem uma capacidade de colonização saprofítica muito elevada e pode degradar a palha de trigo de forma eficiente.

(a)Crescimento em meios sintéticos de nutrientes

As espécies de *Pleurotus* crescem muito bem com vários nutrientes sintéticos. A ação dos vários componentes individuais dos nutrientes (aminoácidos, sacarídeos, vitaminas, etc.) no crescimento micelial de *Pleurotus osteratus* foi investigada por Stanek e Rasava (1971), Volz (1972).

O seguinte é um meio nutritivo muito bom para o crescimento de todas as espécies de *Pleurotus*. 5g de extrato de malte, 10g de farinha de soja, 1g de peptona, 0,5g de KH2 PO4, 0,5g de MgSo4. 7H20, FeCI3 (solução a 1%) 1ml 0,1g de extrato de levedura, 15g de ágar, 1 litro de H_20

Na natureza, as espécies de *Pleurotus* crescem em partes vivas ou mortas de plantas, que são geralmente pobres em nutrientes e vitaminas. Tanto para o crescimento do micélio como para o desenvolvimento do corpo do fruto, são suficientes materiais de celulose lenhina (relação C:N 1:50 -

100:500), tais como espigas de milho, palhas de todos os cereais, papel, aparas de madeira, serradura, cascas de nozes e resíduos vegetais, assim como resíduos da indústria alimentar. (Block, *et al*, 1959, Kcdyk e Smotlachova, 1959). A quantidade total de azoto e a sua forma alteram a tecnologia de preparação do substrato; o substrato de palha provou na prática ser a base nutritiva mais simples (Kalberer 1974).

O crescimento do micélio é acelerado ligeiramente ou não é acelerado de todo pela adição de agentes de adsorção, nutrientes e sais ao substrato de grão-palha, por exemplo, carvão ativado, licor de sulfito, vários sacarídeos, matéria rica em proteínas (solo de soja, etc.), erva, $NaNO_3$, NaHPo4, Ca $(NO_3)_2$ e $CaCO_3$. Muitos dos aditivos utilizados têm mesmo o efeito de desacelerar o crescimento. Ao mesmo tempo, nenhum efeito positivo foi observado no desenvolvimento do corpo do fruto ou no rendimento (F. Zadrazil, não publicado). O efeito de diferentes lípidos no crescimento de *Pleurotus sapidus* foi estudado por Kurtzman 1974.

(b)**Influência da temperatura no crescimento micelial**

A baixa temperatura (<15^{oc}), a taxa de crescimento de todas as espécies de *Pleurotus* é linear. De 15°-20^{oc} observa-se uma aceleração do crescimento, que cai novamente entre 20° e 30^{oc}. O mesmo efeito da temperatura no crescimento micelial foi determinado com quatro nutrientes de ágar diferentes e com substrato de palha.

Pleurotus eryngii atinge o seu crescimento ótimo a 25^{oc}, *P. ostreatus* e *P. florida* a cerca de 30^{oc}. Se um substrato de palha não esterilizado for exposto a uma temperatura inferior a 20^{oc}, pode ser rapidamente invadido por microrganismos competitivos que podem inibir o crescimento de *Pleurotus* ou mesmo destruir a cultura.

Em condições comerciais de cultivo, a temperatura óptima para o crescimento dos micélios será geralmente ligeiramente excedida. O limite letal foi determinado em função dos tempos a 40^{oc} num substrato de palha.

(c)Efeito do dióxido de carbono no crescimento micelial

As necessidades de CO_2 das bactérias, leveduras e bolores são conhecidas desde há muito tempo (Valley e Rattger, 1927: Hermann, 1963). A remoção de CO_2 do ecossistema pode causar uma diminuição do crescimento (Lafferty, 1963). A concentração óptima de CO_2 varia para cada tipo de planta.

Pode observar-se que uma concentração de CO_2 no ar de até 28% (de volume) estimula o crescimento de *P.ostreatus* e *P. florida*, mas *P.erygill* é a exceção com um limite de estimulação de cerca de 22%. A concentração mais elevada de 37,5% (de volume) reduziu o crescimento dos micélios nas três espécies de *Pleurotus* em cerca de 40% em comparação com um controlo a 0,03% de CO_2. Ao contrário das espécies de *Pleurotus, o Agaricus bisporus* é afetado negativamente pelo aumento da concentração de CO_2, sendo o seu crescimento interrompido a 32% (do volume) (T scherpe, 1958, 1959, 1972). Muitos outros basidiomicetes apresentam o mesmo comportamento que *o Agaricus bisporus*: a produção de dióxido de carbono depende dos ingredientes do substrato. O facto de o C02 estimular o crescimento micelial é confirmado por e considerado na cultura comercial. Uma concentração elevada de $C0_2$ no substrato serve como escudo para o *Pleurotus* contra outros microrganismos que não podem crescer ou morrem com concentrações mais elevadas (Zadrazil 1975a).

O composto de Pleurotus semeado é colocado em sacos ou outros recipientes para cultivo. De acordo com a quantidade de composto e o tamanho do recipiente, o substrato gera calor e cria zonas de temperatura variável (isotérmicas). Devido a esta distribuição desigual do calor, geram-se correntes de ar e de água no composto. Se o contentor for deixado aberto no topo, o ar quente enriquecido com $C0_2$ pode escapar e ser substituído por ar ambiente mais frio que recarrega a composição do ar no contentor. Desta forma, a concentração de C02 é mantida a um nível ótimo. Se o recipiente permanecer fechado na parte superior, esta troca de ar não pode ser efectuada e a cultura, em condições semelhantes, morre.

(d) **Efeito do oxigénio no crescimento *do Pleurotus***

O efeito benéfico do C02 (Schanel, 1970: Zadrazil, 1975a) no crescimento micelial não exclui a importância do oxigénio. Embora o crescimento micelial se processe em condições semi-anaeróbicas, é necessário prever um fornecimento de oxigénio no substrato. A diminuição do oxigénio no nutriente aumenta com a produção de micélio. Se o fornecimento de oxigénio for cortado, a taxa de crescimento é imediatamente nula. Ambas as fases de desenvolvimento *do Pleurotus* diferem nas suas necessidades de oxigénio. O crescimento micelial desenvolve-se em condições semi-anaeróbias e o desenvolvimento dos carpóforos em condições definitivamente aeróbias.

(e)Efeito de p^H no crescimento micelial

Um nutriente ácido variável (pH4) inibe o crescimento de *Pleurotus florida* e *P. eryngil*. Valores crescentes de pH de 4 a 6 afectam favoravelmente o crescimento micelial de ambas as espécies. O pH ótimo para *Pleurotus florida* situa-se entre 5,5 e 6,5, enquanto que para *P. eryngil* é ligeiramente inferior, entre 5 e 6, com valores de pH crescentes, acima do ótimo, o crescimento é novamente inibido. O valor do pH do nutriente (sólido e líquido) é alterado pelo crescimento micelial; num nutriente muito ácido, o valor do pH altera-se muito lentamente, uma vez que a taxa de crescimento é muito lenta. Com o aumento do crescimento micelial, o valor do pH altera-se mais rapidamente. Dentro dos limites óptimos, o valor varia apenas ligeiramente. Valores de pH elevados (superiores a 6) são reduzidos pelo crescimento do micélio.

A composição do substrato (palha, $CaSO_4$ e $CaCO_3$ e farinha de feijão) e o seu efeito na alteração do pH, bem como no crescimento do micélio e no desenvolvimento de corpos de fruto foram relatados por Zadrazil e Schneidereit (1972).

2.7.2Preparação de substrato para o cultivo comercial de espécies de *Pleurotus.*

As espécies de *Pleurotus* estão entre os parasitas ou agentes primários de decomposição. Têm, portanto, a capacidade de decompor diretamente a celulose e os materiais que contêm lenhina sem preparação química ou biológica (por exemplo, fermentação).

Stanek e Rysava (1979) produziram com sucesso micélio e corpo de fruto de *Pleurotus* num substrato fermentado (24 horas e mais a 55^{oc}) com *streptomyces thermovulgaris* e as suas bactérias acompanhantes da espécie *Pseudomonas*.

Zadrazil e Schneidereit (1972) determinaram que tanto a fermentação aeróbica como a anaeróbica de um substrato de palha eram adequadas para o cultivo de *Pleurotus*. A semente *de Pleurotus* foi facilmente produzida em grãos de trigo fermentados anaerobicamente (Huhnke, *et al.* 1973). O composto sintético de cogumelos brancos (Huhnke, 1972) com um teor de azoto relativamente elevado revelou-se inadequado tanto para *Pleurotus ostreatus* como para *P. florida*. A relação entre o tipo de fermentação e o rendimento foi estudada por Kalbearer e Vogel (1974) e Kalberer, 1974). A fermentação do substrato *de Pleurotus* não é necessária. O método mais seguro de preparação do substrato é uma variação do método de Till, usado na cultura de cogumelos (Sengbusch, *et al.* 1971), em que a semente é colocada sob condições estéreis em sacos de plástico, que são abertos após a permeação para o desenvolvimento de corpos de fruto (Toth, 1970). Este método é, no entanto, difícil de aplicar na cultura comercial de *Pleurotus* e de outros fungos.

Uma simplificação do método de Till consiste em submeter o substrato ao calor (100^{oc} ou 80^{oc}) (Junkova, 1971; Zadrazil e Schneidereit, 1972) e depois arrefecer e semear. Este método pode ser utilizado na produção mecânica e contínua de substrato. O crescimento do micélio não apresenta diferenças materiais em relação ao substrato esterilizado (121^{oc}). Ao aquecer a palha durante a preparação do substrato, a qualidade é alterada e são libertadas mais matérias solúveis (por exemplo, compostos fenóticos e sacarídeos). Os substratos não estéreis *de Pleurotus* fornecem uma fonte de nutrientes facilmente disponível para vários microrganismos que normalmente não poderiam colonizar a palha. Com o aumento da temperatura, o teor de substâncias solúveis em água e de glucose aumenta.

2.7.3Factores de desenvolvimento dos corpos de fruto

Estes factores devem ser considerados como complexos, pois vários factores culturais de origem genética só podem ser alterados através de métodos de reprodução. Durante o período de crescimento do fungo, a composição do substrato em relação ao desenvolvimento do corpo do fruto é apenas ligeiramente controlável. Todos os factores-chave para o desenvolvimento do corpo de frutificação e o parâmetro de rendimento na produção de *Pleurotus* estão concentrados nos factores ecológicos, no clima e no ar condicionado. Estes podem ser controlados à vontade e alterados durante o período de colheita. Dentro de limites, a lei da troca de "fator por fator" é válida. Um fator no mínimo pode ser compensado por um outro no ótimo sem causar um efeito prejudicial significativo. Quando o fungo apresenta um desenvolvimento e um aspeto normais do corpo do fruto, o estipe é muito reduzido e a massa principal desenvolve-se como píleo. Estas formas encontram-se na natureza em troncos de árvores. Quando o corpo do fruto cresceu com menos luz, o estipe é mais comprido e mais grosso e o píleo parcialmente reduzido; quando cresceu com luz suficiente, há um aumento muito acentuado do comprimento do estipe e uma redução do tamanho do píleo. Ventilação insuficiente (1-2 vol. % $C0_2$) e baixa exposição à luz induziram a formação de cachos. A composição do ar e o desenvolvimento dos corpos frutíferos estão diretamente relacionados, com uma maior troca de ar, a quantidade de frutos é maior. Nos trabalhos de Eger (1970a.b) e Gyurko (1972) não se considerou o efeito dos produtos gasosos do metabolismo e deu-se mais importância ao efeito da luz. A luz é um fator de iniciação no desenvolvimento do primórdio, pelo que é necessária uma iluminação de pelo menos 15 minutos por dia. Em *Pleurotus florida*, o número de primórdios aumenta com a duração e a intensidade da luz (Eger 1970 a.b, 1974). A quantidade de luz necessária para o desenvolvimento do basidiocarpo de *Pleurotus ostreatus* foi fixada por Gyurko (1972) em 10,0001x - hr.

Os parâmetros biotecnológicos para *Pleurotus ostreatus* e *P. Florida*, o primeiro período de cultivo para ambas as espécies segue as mesmas condições. As diferenças verificam-se nos períodos de indução e de desenvolvimento do corpo do fruto. Stanek e Rysaa (1971) e Vessey e Toth (1970) recomendaram um "choque frio" no substrato para melhorar a indução do primeiro fluxo de *Pleurotus astreatus*. No caso da frutificação e da colheita de *P. florida*, o controlo do fluxo pode ser mais simples

pela temperatura, troca de ar e humidade do ar do que com *P. ostreatus* (Zadrazil 1973a). O rendimento de *Pleurotus florida* por unidade de tempo será maior com o aumento da temperatura. A quantidade e o tempo de armazenamento são função da composição do substrato e das técnicas de cultivo (Zadrazil 1973c)

2.8.1Cultivo de *Vovariella Valvacea* (Cogumelo de palha)

2.8.2. Temperatura e humidade

Os esporos dão melhor germinação a 40^{oc} embora o crescimento inicial das hifas seja melhor a 35^{oc} (Chang e Chu 1969a). A gama de temperaturas óptima para o crescimento do micélio é 30°-35^{oc} e a temperatura mais adequada é 32^{oc}. A taxa de crescimento do micélio diminui tanto a 20^{oc} como a 40^{oc}. O micélio não cresce de todo quando a temperatura é aumentada para 45^{oc} ou desce para 15^{oc}. Além disso, os dados experimentais indicam que os micélios de diferentes estirpes variam na recuperação da sua atividade de crescimento em novos meios de cultura após armazenamento em condições de baixa temperatura. Todas as estirpes testadas ainda estão vivas e crescem vigorosamente mesmo quando foram armazenadas a $15^{oc}\pm {}^{1(oc)}$ durante 30 dias.

A produção do cogumelo de palha é bastante sensível aos factores ambientais. Deve-se prestar uma atenção especial à temperatura e ao teor de água da cama, particularmente na primeira semana. Imediatamente após a cama, o composto de resíduos de algodão é tratado com vapor dentro de estufas de cogumelos fechadas. A temperatura de pasteurização é de 60^{oc} durante 2 horas e de 52^{oc} durante 8-10 horas. Depois, o vapor pode ser desligado e a temperatura ambiente deve baixar gradualmente para cerca de $36\text{-}38^{oc}$ dentro de 12 horas, com ventilação controlada. O controlo correto da fermentação do composto durante a pasteurização é muito importante e necessita de experiências especiais.

Quando a temperatura ambiente tiver baixado para $36 - 38^{oc}$ e o recinto ainda estiver quente e húmido, aparecem espécies não identificadas *de Actinomycetes* e *Humicola*, de forma uniforme e irregular, dentro e sobre o composto, respetivamente. Esta é uma condição adequada para a inoculação (designada por inoculação a alta temperatura). Depois da inoculação, introduz-se ar fresco do exterior, aumentando a ventilação. As larvas crescem rapidamente através do composto, dependendo o seu crescimento ótimo principalmente da preservação de uma temperatura óptima, $34\text{-}35^{oc}$, o que não está de acordo com os relatórios (Alicbusan e Ela, 1967; Mulasdis, 1972) segundo os quais *V. volvacea* cresce melhor a uma temperatura de $40\text{-}45^{oc}$. A 35^{oc}, o crescimento do micélio estará completo em cerca de quatro a seis dias. No final da fase de desenvolvimento da semente, borrifa-se água na superfície da cama. O objetivo de o fazer é humedecer a superfície da cama, baixar a temperatura da superfície, prevenir um maior crescimento de *actinomicetos* e *humicolas* e estimular a frutificação. Após a rega, o ar para a prática americana e europeia de compostagem para o crescimento de *A. bisporus*.

O passo seguinte é a construção dos canteiros de palha. Há muitas maneiras de colocar os feixes de palha. Podem descrever-se quatro tipos básicos.

a. A palha é desfeita, desdobrada e desatada, colocada de forma plana e longitudinalmente, sendo aspergida uma quantidade adequada de água em cada camada. Trata-se de um método simples e rudimentar.

b. São utilizados cerca de 2-3 kg de palha embebida e fermentada por molho, que é dobrado mais ou menos ao meio, mas não atado.

c. Primeiro, torce-se o ramo de palha e dobra-se num feixe de cerca de 15-20 cm de diâmetro, atando-se depois no centro. O mesmo passo é repetido até que a cama tenha cinco a seis camadas e uma altura de cerca de 60-75 cm, os lados das camadas são aparados e colocados juntos com o excesso de palha embebida no topo da cama. O espaço adicional entre os feixes individuais proporciona um melhor arejamento e pode ajudar a evitar uma possível acumulação de água excessiva. A experiência desempenha, sem dúvida, um papel importante neste caso, visto que a palha secará muito rapidamente se os feixes forem empacotados de forma demasiado frouxa e se forem empacotados de forma demasiado apertada, o arejamento será limitado e o crescimento micelial será inibido.

d. Um grande feixe de palha, com cerca de 10 a 15 kg, é embalado e arrumado, enfiando a extremidade superior como um grande saco e depois atado a um terço de cada extremidade. Os sacos são colocados individualmente na plataforma. Visto que os cogumelos aparecem apenas na superfície dos canteiros, o aumento da superfície é extremamente importante para o melhoramento da produção de cogumelos, que pode ser aumentada até 30 - 60% sob condições climáticas favoráveis. Deve-se notar que o saco de palha não é tão comprido como a cama de palha utilizada nos outros três métodos, de forma que, por vezes, é difícil manter uma temperatura adequada no seu interior.

Na cultura de *A. bisporus*, os processos de preparação da cama e de desova são dois processos distintos e sequenciais. Contudo, no cultivo tradicional de *V. volvacea,* a construção de camas e a inoculação são efectuados simultaneamente. Assim que cada camada é colocada no seu lugar, pode ser inoculada com semente. A semente de cogumelo de *V. volvacea* é cultivada em palha de arroz picada ou em grãos de trigo ou de sorgo. A semente em grãos pode ser polvilhada à volta da borda da cama da mesma forma.

A cultura tradicional de *V. volvacea* é efectuada ao ar livre; começa logo que está suficientemente quente para iniciar a cultura e continua até que o tempo se torne demasiado frio para a cultura. Os canteiros são colocados no interior de galpões ou cobertos com palha ou esteiras de palha, de modo a proporcionar alguma forma de proteção contra o sol quente e a chuva forte. A vala à volta do canteiro deve ser enchida com água para manter o canteiro húmido e para evitar que os insectos rastejantes entrem no canteiro. A rega pode ser iniciada quatro dias após a preparação do canteiro, se não chover durante os primeiros quatro dias. Demasiada água ou pouca água são prejudiciais. Se a rega for necessária, deve ser regada apenas ao longo dos lados do canteiro.

10-14 dias após a preparação da cama, podem aparecer os fundos jovens. Os cogumelos aparecem em fluxos e cada fluxo consiste em quatro ou mais colheitas diárias contínuas, com intervalos de cinco a dez dias. As camas de palha de arroz produzem, geralmente, cogumelos durante um período de um mês ou mais.

A produção média obtida utilizando o método descrito por Chang (1965) foi de 6,78, 7,25, 8,45 e

7,68 kg por 100 kg de palha de arroz seca para 1962, 1963. 1964 e 1965, respetivamente. Como houve três a cinco fluxos, o período de colheita ocorreu 35 - 56 dias após a colheita da primeira cultura, a duração dos períodos de cultivo dependendo do clima e do conteúdo nutritivo dos canteiros. Chang (1964) relatou que os nutrientes adicionais (farelo de arroz, resíduos de destilaria, solução de açúcar, fertilizantes químicos, etc.) adicionados à cama podem não só ser responsáveis pelos rendimentos mais elevados e pela menor taxa de decomposição da celulose na palha de arroz (o que pode atrasar o pico mais elevado de produção), mas também podem ser responsáveis pelo aumento do período total de cultivo. Outros resultados interessantes obtidos com o fornecimento de nutrientes adicionais foram um crescimento vegetativo prolongado e cogumelos maiores e mais suculentos, embora a fase de reprodução do crescimento (avaliada pela cor da guelra) tenha sido um pouco retardada.

B. O método moderno de eliminação dos resíduos de algodão

A fim de obter rendimentos satisfatórios e estáveis, o cogumelo de palha deve ser cultivado em compostos sintéticos fiáveis e produtivos, em instalações de cultura adequadas, dispostas de modo a permitir uma regulação fácil da temperatura, humidade, luz e ventilação. Uma vez que o rendimento do composto de resíduos de algodão é elevado e estável e o subproduto dos resíduos de algodão é o subproduto da indústria têxtil, é facilmente obtido e inexistente. Assim, o método de compostagem de resíduos de algodão, conduzido em condições controladas de interior, foi adotado para uso comercial desde 1973 em Hong Kong (Chang, 1974). O composto de resíduos de algodão consiste em resíduos de primeira qualidade (por vezes misturados com mosca de cartão, mosca de caleira e varreduras de óleo). 4% de farelo de arroz ou de trigo, e cerca de 4-6% de calcário agrícola moído para elevar o pH ao nível requerido . O composto também pode ser feito de resíduos de algodão e palha de arroz em proporções de 2:1 ou 1:1, que são fermentados durante dois a quatro dias, dependendo do material utilizado. As pilhas devem ser viradas pelo menos uma vez durante a fermentação.

Pouco depois de os canteiros estarem cheios de composto a 10 - 15 cm de profundidade, introduz-se vapor na casa através de tubos para elevar a temperatura a 60^{oc} dentro de duas a quatro horas. Nesta altura, a entrada de vapor deve ser reduzida e a temperatura ambiente deve ser mantida a 60^{oc} durante duas horas, após o que é introduzido ar fresco através de um sistema de ventilação e é mantida uma temperatura de 52^{oc} durante oito horas. O controlo correto da intensidade e da duração do pico de aquecimento (pasteurização) é muito importante e requer uma experiência especial. Quando a temperatura desce gradualmente para cerca de 35^{oc} num período de 8 a 12 horas, está pronto para a inoculação. A taxa de postura é de: 0,4 -0,6% do substrato húmido, em peso, para KHI e Thai - 1 estirpe 1-3% para HK3 e HK4, e 3-6% para KH2, TW 308.

Assim, os processos de compostagem e inoculação descritos por Chang, (1974) e nesta secção, são mais comparáveis aos processos para o cultivo de *A. bisporus*, enquanto que estas etapas, tal como descritas nos métodos tradicionais, consistem apenas em embeber e acampar a palha. Contudo, mesmo no método moderno de cultivo de cogumelos de palha, não há necessidade de fazer o invólucro, que é uma etapa crítica para o crescimento do cogumelo branco comum.

O rendimento do novo método não só é elevado, 25-40% do peso do substrato na desova em 26-30 dias (colhendo apenas dois fluxos), mas também estável, o que constitui dois factores importantes para gerir uma exploração moderna de cogumelos de palha.

2.9.1Pragas, agentes patogénicos e concorrentes

O cultivo de cogumelos é, necessariamente, uma cultura "mista" e a contaminação com organismos que são, de alguma forma, prejudiciais é inevitável. Com a tendência para a intensificação e o cultivo contínuo (monocultura), a situação de doença é facilmente estabelecida se não se prestar atenção aos procedimentos de pasteurização e desinfeção. Por conseguinte, não é surpreendente que se tenha prestado pouca atenção à biologia geral e à epidemiologia de uma gama de pragas (insectos e nemátodos) e agentes patogénicos (fungos, bactérias e vírus) que podem reduzir a produtividade.

Outros microrganismos não patogénicos podem também estabelecer-se às custas do cogumelo inoculado. Estes são, geralmente, o resultado de imperfeições na compostagem ou de qualquer outra prática cultural. Contudo, a cultura de cogumelos é uma forma protegida de cultivo, baseada numa manipulação precisa das condições ambientais e, por conseguinte, proporciona um meio de controlar a maioria dos organismos patogénicos e de excluir os organismos competitivos, com maior facilidade do que com outras plantas cultivadas.

2.9.2Pragas associadas às culturas de cogumelos

A. **Phorídeos:** As espécies da *megaslia Phorid* são um dos insectos mais importantes que atacam os cogumelos cultivados. A larva faz um túnel nos tecidos dos esporóforos. As armadilhas luminosas mostraram que *M.nigra* voa desde o início de junho até dezembro em Inglaterra (Hussey, *et al.* 1969), e os ovos são postos apenas onde a luz do dia incide sobre os canteiros de cogumelos.

Nas unidades modernas de cultivo de cogumelos, a intensidade da luz é suficientemente baixa para inibir a oviposição. A biologia dos forídeos foi estudada por Hussey, (1959).

B. **Cigarrinhas:** *Lycoriella solani wineetz, L.. auripila winnertz,* e *Bradysia brunips meigen* ameaçam uma cultura depois de uma grande população se ter desenvolvido (Hussey, *et al.* 1969). Há provas de que podem ser atraídos por composto que contenha suplementos azotados (Hussey, 1972), os Sciarids mostram uma atividade sazonal menos distinta do que os forídeos e parecem necessitar de um certo tipo de microflora no invólucro para uma reprodução eficiente (Hussey, 1972), os

Sciarids transmitem ácaros e esporos de *Verticillium* spp. Segundo Hussey, *et al.* (1969), a associação entre os lycorids e a doença viral "die-back" parece demasiado frequente para ser inteiramente acidental.

C Cecídeos: Dois géneros, *Heteropeza e Mycophila*, demonstraram ser pragas dos cogumelos cultivados. Foi demonstrado que uma infestação precoce de *Heteropeza* reduz o rendimento dos cogumelos em cerca de 14% (Hussey, 1972). *Heteropeza* é capaz de entrar numa fase de repouso e, assim, sobreviver a condições desfavoráveis. Os ataques precoces de mycophila são também bastante prejudiciais para a cultura. *Verticillium malthousie* foi a causa de grandes perdas de culturas de cogumelos e parece ser uma doença endémica (Sinden, 1971). Na maioria dos países onde se cultivam cogumelos, a perda causada por esta doença é maior do que a causada por qualquer outra doença, exceto vírus (Sinden, 1972) e, provavelmente, mancha bacteriana na Austrália. A infeção dos esporóforos resulta em Pilli deformados e na formação de manchas castanhas e de esferas chamadas apenas bolhas secas. Um crescimento bolorento branco acinzentado é visto no píleo. A experiência de inoculação mostrou que a gravidade da doença foi mais afetada pela concentração do inóculo do que pelo tempo de infeção (Gandy, 1972). Fekete, (1967) e Cross e Jacobs, (1969) demonstraram a transmissão humana de *V. Malthousie*. A remoção imediata do cogumelo colhido impediu qualquer transmissão significativa da doença desta forma. Foi agora demonstrado que a dispersão por salpicos dos conídios de *V. malthousie* (Cross e Jacobs, 1969) se efectua apenas a curtas distâncias (Gandy, 1972), mas é suficientemente significativa para propagar a doença. Os conídios de espécies de *Verticillium* são facilmente disseminados por phorídeos (Hussey, 1972), o que constitui outra fonte de transmissão da doença. Contudo, a principal fonte de contaminação parece ser os detritos e o pó no chão das unidades de cultivo de cogumelos. Não se conhecem esporos em repouso para *V. Malthousie*, embora o micélio de bolhas secas possa sobreviver durante longos períodos.

Outra espécie *Verticillium psalliotae* treschow é também conhecida por infetar o cogumelo Sporophores. Treschow (1941) salientou que *o V. paslliotae* não formava micélio aéreo tão visível sobre o píleo infetado como *o V. malthousie.* Dayal e Barron, (1970) e Barron e Fletcher, (1970) demonstraram o parasitismo de *Rhopalomyces elegans* Corda por *V. psalliotae.* In vitro. Os esporos de *R. elegans* poderiam assim ser fontes de infeção de uma cultura de cogumelos, bem como agentes de transmissão da doença. *Mycogne perniciosa* magnus causa uma doença vulgarmente conhecida como "bolha húmida". A infeção dos esporóforos resulta num estipe malformado, em casos graves o esporóforo deixa de se desenvolver, resultando numa massa de hifas sem ponta. A superfície é coberta por micélio que produz dois tipos de esporos - conídios hialinos em conidióforos verticilados e *clamidósporos* castanhos bicelulares. Finalmente, os esporóforos da doença apresentam os sintomas típicos de gotejamento de um líquido castanho com um odor desagradável. Sabe-se que os *clamidósporos* sobrevivem no solo durante anos (Smith, 1924; Lambert, 1930), constituindo assim uma importante fonte de infeção.

B. Agentes patogénicos bacterianos:

A Pseudomonas tolaasii paine causa a mancha ou mancha bacteriana do cogumelo cultivado. A doença produz manchas castanhas, ligeiramente afundadas e manchas no píleo em maturação. O escurecimento parece envolver apenas os tecidos superficiais do cogumelo. Em casos graves da doença, desenvolvem-se lesões castanhas no estipe, podendo também causar danos consideráveis aos cogumelos armazenados e em trânsito. Verificaram-se vários casos em que os cogumelos foram colhidos sem defeitos, mas durante o armazenamento a baixa temperatura (16^{oc}) tornaram-se castanhos com pileus manchados. A bactéria está presente no solo e, em vários casos, na água utilizada para o cultivo de cogumelos: não foi isolada da turfa utilizada para criar as camas de cogumelos, possivelmente devido ao baixo pH da turfa. A doença pode tornar-se bastante grave em condições de humidade e temperatura elevadas.

Lelliott, *et al.* (1966), num estudo sobre os grupos fluorescentes do género *Pseudomonas*, sugeriu que *P. tolaasii* poderia ser considerada como um constituinte normal da microflora dos viveiros de cogumelos que, em determinadas condições, produz um metabolito tóxico para os cogumelos.

Nair e Fahy, (1973) forneceram provas da produção de toxina por *P.tolaasii* e demonstraram a capacidade desta toxina para causar o escurecimento de esporóforos que crescem ativamente em condições semelhantes às das unidades comerciais de cultivo de cogumelos. As observações de Nair e Fahy (1973) de que a toxina e as células de *P. tolaasii* inibem o crescimento micelial dos cogumelos são relevantes para a cultura comercial, uma vez que *P. tolaasii* pode inibir o crescimento do micélio na fase de crescimento da semente da cultura de cogumelos.

Pseudomonas spp causa uma doença conhecida como mummy. Tucker e Routine, (1924) descreveram esta doença nos Estados Unidos. Os cogumelos doentes têm estipes finos e os pileus não atingem o tamanho normal. Os esporóforos são frequentemente inclinados e abrem-se prematuramente. A infeção secundária pela bactéria instala-se quando os esporóforos se tornam necróticos. Devido à natureza infecciosa da doença, pensou-se durante muito tempo que esta doença era causada por um vírus.

C. Vírus:

Desde a primeira descrição de uma doença infecciosa do cogumelo cultivado por Sinden e Hauser, (1950) na Pensilvânia, foram observadas doenças do cogumelo de natureza semelhante em países onde os cogumelos são cultivados extensivamente. Vários nomes como La France (Sinden e Hauser, 1950), brown disease e watery (Gandy 1960), X disease (Kneebone, *et al.*1962) e die-back disease

(Gandy e Hollings, 1962) foram dados a estas doenças devido à variedade de sintomas observados e à dificuldade em determinar as suas causas. É difícil diagnosticar a doença com base nos sintomas dos esporóforos, como os cogumelos em forma de baqueta e a abertura prematura dos véus, porque sintomas semelhantes podem ser causados por certos factores ambientais e culturais. As infecções por vírus podem até não apresentar sintomas (Nair, 1972). A redução da produção de cogumelos é talvez o sintoma mais fiável. Um outro sintoma que é geralmente associado a uma cultura infetada é o crescimento lento e deprimido de isolados miceliais de cogumelos doentes, que crescem mais lentamente, formando colónias de cor amarela em vez de branca. As culturas infectadas com o vírus podem ser curadas por tratamento térmico a 32^{oc}-33^{oc} durante 1-3 semanas (Gandy e Hollings, 1962). As observações da transmissão do vírus através de esporos de cogumelos por Schisler *et al.* (1967) e através de semente de cogumelos por Nair, (1972) foram factores vitais para a nossa compreensão da etiologia da doença do vírus dos cogumelos. Sabe-se que as larvas de forídeos e os ácaros tarsonemídeos transmitem vírus (Hussey, 1972). Suspeita-se que certas espécies de cogumelos do campo (por exemplo, Laccaria Laccata) são reservatórios naturais de vírus de cogumelos.

1.1.2Concorrentes fúngicos associados aos cogumelos

Vários fungos foram isolados de composto de cogumelos em diferentes fases da sua preparação e uso no cultivo de cogumelos. Muitos destes concorrentes fúngicos ou bolores infestantes interferem com o crescimento de cogumelos. Alguns destes fungos, através da utilização rápida do substrato, têm uma vantagem ecológica em relação aos cogumelos e estabelecem-se no composto sem inibir o crescimento micelial e a formação de esporóforos de cogumelos. Outros podem inibir o crescimento e o desenvolvimento de cogumelos através de excreções microbianas ou toxinas geradas biologicamente. Até à data, as moléculas envolvidas neste processo inibitório no composto de cogumelos não foram caracterizadas.

Três fungos do solo *Diehiomycees microsporus* (Diehl e Lamb). *Chrysosporium luteum* (Cost) carm, e *Geotriclum* spp (*Sporendonema purpurescence* (Ben) Mason e Hughes) são conhecidos por inibir o composto de cogumelos. Sabe-se que *Diehliomyces microsporus* causa a doença das trufas e *C. luteum* as doenças do tapete. Desde a adoção de normas elevadas de higiene, tais como a prevenção da contaminação do solo durante a fase 1 ou a compostagem ao ar livre, a contaminação do composto por estes fungos tem sido limitada. Os substratos de compostagem resultantes de uma fase 1 relativamente longa são colonizados por fungos como *Papulospora byssina Hotson e Scepulanopsis fimicola* (cost e matr), frequentemente referidos como o conhecido bolor de gesso e o bolor de gesso branco, respetivamente. Com a introdução de métodos de compostagem curtos para a fase 1, estes fungos foram largamente controlados. Todos estes fungos aparecem na própria cultura de cogumelos que, se se deixar progredir, dominam e causam consequências graves, resultando invariavelmente numa redução do nível de cultura. Em sistemas intensivos de cultura, é inevitável que as doenças se estabeleçam e, se não se empregarem medidas de controlo adequadas, o organismo doente dominará.

1.1.3. Controlo de doenças

A. Desinfeção terminal

A cultura de cogumelos é essencialmente um processo descontínuo em que não só as estruturas de cultivo, mas também os tabuleiros e as prateleiras são reutilizados para as culturas seguintes. Esta prática constitui, portanto, um meio fácil de transmissão de organismos patogénicos de uma cultura infetada para as fases iniciais da cultura seguinte. No sistema de cultivo em tabuleiros e prateleiras, os procedimentos de desinfeção terminal são essenciais. É desejável que estes sejam efectuados in situ, antes da perturbação da cultura aquando da remoção e eliminação do composto e do solo de cobertura.

Para este efeito, injeta-se vapor na estrutura e a temperatura é aumentada para mais de 70 ^{oc} durante, pelo menos, 10 horas, o que é considerado mínimo para garantir a penetração do calor através do composto e da madeira que constituem os tabuleiros e as prateleiras. O brometo de metilo, um fumigante com um excelente poder de penetração que se dissipa rapidamente no arejador, é uma boa alternativa e, por vezes, é preferido porque não danifica a estrutura.

No entanto, quando a desinfeção in-situ não é possível, o composto e o solo de cobertura são geralmente encharcados com desinfeção antes de serem esvaziados. Após o esvaziamento, os tabuleiros são geralmente esterilizados separadamente com vapor ou brometo de metilo. A isto segue-se frequentemente um novo tratamento químico com pentaclorofenato de sódio ou outro fungicida forte, enquanto as estruturas de crescimento são lavadas cuidadosamente com desinfectantes ou com uma solução de formalina.

Os sistemas de cultura baseados na utilização de recipientes descartáveis para a cultura, por exemplo, sacos de polietileno, não requerem normalmente uma desinfeção terminal antes da eliminação, contribuindo este fator grandemente para o benefício económico global deste sistema de cultura. É normal desinfetar cuidadosamente as estruturas de cultivo antes de introduzir novas culturas neste sistema.

B. Utilização de agentes químicos e biológicos

Durante o processo, podem ser aplicados à cultura produtos químicos que se sabe serem tóxicos para uma praga ou um agente patogénico. Nalguns casos, a doença pode ser prevenida por este meio, mas, mais frequentemente, a incidência e a severidade do ataque da doença são minimizadas. A utilização de fungicidas no controlo de doenças causadas por fungos em cogumelos coloca problemas especiais, visto que tanto o hospedeiro como o agente patogénico são fungos. Além disso, uma vez que são necessárias quantidades relativamente pequenas de produtos químicos, há dificuldades na obtenção de distribuições suficientemente uniformes da substância através de massas relativamente grandes, enquanto o problema sempre presente do desenvolvimento de resistência por pragas e agentes patogénicos aos produtos químicos aplicados impõe grandes limitações à utilização de produtos químicos no controlo de infecções de cogumelos.

A incorporação de pesticidas como o diazinão, o malatião e a tionazina no composto ou no invólucro é o método mais comum de controlo de Phorids, Sciarids e Cecids (Hussey e Wyatt, 1959; Hussey, *et al.* 1969 ;Wyatt, 1970). As moscas adultas podem ser mortas usando aerossóis de diazinon, malatheon e piretrina. A infestação de nemátodos nos canteiros de cogumelos é controlada por tratamentos com nematicidas (Hesling e Kempton. 1970). Cayrol e Ritter, (1972) controlaram eficazmente *Ditylenchus myceliophagus* com tionazina.

São utilizados muitos fungicidas para o tratamento de canteiros infectados com fungos patogénicos. O Zineb, um ditiocarbonato, tem sido amplamente utilizado para o tratamento de Verticillium e, mais recentemente, Fekete e Kuhn (1965) e Newman e Savidge (1969) relataram a eficácia do Cufraneb e do Mancozeb. O Benomyl, um fungicida sistémico para plantas, foi recentemente introduzido para o controlo de *Verticillium* e *Mycogone* (Gandy, 1992; Wuest, 1971), mas as estirpes resistentes de *Verticillium* foram selecionadas através de aplicações repetidas.

O cloro é um bactericida bem conhecido e Lambert, (1938) descreveu a utilização de água clorada no controlo da mancha bacteriana. Outros bactericidas considerados eficazes incluem compostos halogenados combinados, como o cloro e o bromo (Nair e Milham, 1970).

Não se conhecem tratamentos químicos eficazes contra o complexo de doenças virais e o controlo depende inteiramente da aplicação eficaz de outras medidas, especialmente dos processos de desinfeção terminal.

A possibilidade de controlar as pragas e os agentes patogénicos dos cogumelos por meios biológicos está a suscitar grande interesse. Hussey, (1969) chamou a atenção para esta possibilidade, mas até agora os métodos biológicos de controlo não foram aplicados em situações comerciais. Os nemátodes *Bradyneama* spp e *Tetradonema* spp atacam os forídeos que infestam as culturas de cogumelos em cultura comercial, mas não existem técnicas disponíveis para a sua exploração no controlo. Da mesma forma, Nair e Fahy (1972) mostraram a possibilidade de controlar a mancha bacteriana dos cogumelos por meios biológicos. Conseguiram evitar a incidência da mancha bacteriana introduzindo inoculantes de turfa de bactérias antagónicas a *Pseudomonas tolaasii*. As três bactérias com a capacidade de suprimir a mancha bacteriana foram *P.cepacia* isolada do solo. *P.florescence* e uma estirpe de *Enterobacter aerogenes* isolada da turfa. Não se registou qualquer redução na produção de cogumelos como resultado da introdução destas bactérias na camada de invólucro , o que sugere que não eram inibidoras *de Pseudomonas putido* e *Pseudomonas* do grupo IV, conhecidas por estarem associadas à formação de corpos de fruto de cogumelos.

C. Práticas de criação e conceção de explorações agrícolas

A incidência de algumas doenças dos cogumelos pode estar relacionada com um fator ambiental específico e com a conceção ou disposição de determinadas explorações. Sinden (1971), por exemplo, descreve um método de controlo de *Verticillium malthousie*, no qual o ambiente de cultivo é ajustado a uma humidade relativa de 80-85% e a uma redução da temperatura para 14 °C. A qualidade e a quantidade de cogumelos também podem ser afectadas por esta manipulação. A qualidade e a quantidade de cogumelos podem também ser afectadas por esta manipulação. Do mesmo modo, a mancha bacteriana ocorre quando as flutuações bruscas de temperatura provocam a condensação de películas de humidade na superfície dos cogumelos, o que proporciona o ambiente ideal para a multiplicação dos organismos prejudiciais à mancha.

Ganney (1972) demonstrou que a conceção das explorações agrícolas é importante para o controlo e a propagação de viroses. O posicionamento relativo da área de cultivo em relação à área de pasteurização, às salas de sementeira e às áreas de revestimento pode influenciar a frequência de infecções causadas por esporos de cogumelos infectados. Para além de uma boa conceção da exploração, a filtragem do ar durante as fases iniciais da cultura ajuda a minimizar o nível de infeção.

Os métodos adoptados na cultura comercial de cogumelos incluem procedimentos básicos de pasteurização destinados a erradicar organismos que possam ser prejudiciais. Apesar disso, a ocorrência de doenças é predominante, independentemente do sistema adotado. A adoção de uma desinfeção terminal sólida é essencial para qualquer programa de higiene agrícola. Os outros métodos, ou seja, a aplicação de produtos químicos tóxicos e as boas práticas pecuárias, são geralmente combinados e integrados de acordo com as doenças prevalecentes. Todos os procedimentos adoptados são concebidos, em primeiro lugar, para prevenir e excluir o estabelecimento de pragas e agentes patogénicos e, em segundo lugar, se as pragas ou os agentes patogénicos se estabelecerem, para minimizar a sua acumulação.

2.10.Colheita

Os cogumelos são colhidos agarrando a tampa e dobrando ou torcendo para quebrar o caule da base. Isto é fácil de fazer com os cogumelos fechados, os abertos são frágeis e é necessário mais cuidado para garantir que o caule se parte na base e não no topo.

O estádio de crescimento em que são colhidos é importante. Todos os cogumelos abertos, independentemente do seu tamanho, são colhidos. Provavelmente, deveriam ter sido colhidos "ontem". Em muitos países, os cogumelos abertos são considerados de qualidade extremamente baixa e, na maior parte dos casos, são mais baratos no mercado do que as culturas fechadas ou os bottons. Depois da abertura, o caule cresce, mas o peso do chapéu não aumenta consideravelmente, de forma que, mesmo sem ter em conta a qualidade e o preço, não há mais nenhum aumento do rendimento.

Até ao momento da abertura, o peso do cogumelo aumenta muito rapidamente, duplicando em 24 horas no seu ritmo máximo, pelo que deixar os cogumelos fechados crescer o mais tempo possível aumenta o seu peso colhido.

Existe um outro fator: o próximo fluxo começa a desenvolver-se logo que uma cama é limpa. Se muitos cogumelos forem deixados no canteiro para se abrirem, o que leva tempo, o intervalo entre dois primeiros fluxos (dias de pico) pode ser de dez dias, ao passo que se todos os cogumelos forem colhidos como botões com menos de 3 cm de diâmetro e bem fechados, serão apenas oito dias. Com um intervalo de 8 dias, é possível obter o pico de três fluxos a meio da semana; um intervalo de 10 dias torna quase impossível uma colheita indesejada ao fim de semana. Com uma colheita apertada, os fluxos mais frequentes compensam, pelo menos em parte, a perda de peso dos cogumelos individuais, e seis fluxos de fundos podem produzir quase ou tanto como quatro fluxos de abertos. Os cogumelos fechados têm também um melhor tempo de conservação na loja, particularmente em tempo quente.

Por último, existe o risco de propagação da doença viral "die back" se esta estiver presente e se os cogumelos infectados forem deixados a abrir, uma vez que os esporos estão infectados quando estes cogumelos se abrem, espalhando esporos infectados aos milhões. Estes esporos têm uma vida longa e uma resistência considerável à destruição e germinam mais rapidamente do que os saudáveis.

2.11. Valor alimentar e medicinal dos cogumelos

Os cogumelos contêm 20-35% de proteínas e são uma fonte rica de complexo Vit-B e ácido fólico. São também uma boa fonte de potássio e sódio. São desprovidos de amido e têm um baixo teor de açúcar. O ergosterol está presente nos cogumelos, que são conhecidos pelos seus efeitos hipoesterolemiantes. Verificou-se que os polissacarídeos do cogumelo ostra, *Agaricus bisporus*, têm atividade antitumoral. O interesse predominante dos nigerianos nos cogumelos é a sua utilização como alimento. Isto deve-se ao seu bom gosto, aroma apetecível e teor de nutrientes (Fasidi e Kadiri, 1993; Jonathan e Fasidi 2001). Para além disso, os cogumelos têm sido usados extensivamente nas medicinas tradicionais para curar vários tipos de doenças (Oso, 1977; Oso, 1981) Chapela e Lizon, 1993) durante séculos. Os cogumelos têm sido prescritos para o tratamento de doenças como distúrbios gastrointestinais, hemorragias, tensão arterial elevada e várias infecções bacterianas (Stamets, 1993; Brochue, 1978).

Embora alguns dos valores medicinais associados aos cogumelos devam ter surgido de superstições, crenças e mitos, forneceram informações para estudos de investigação curiosos. A investigação demonstrou que algumas destas afirmações não são meros mitos, mas sim autênticas (Jonathan e Fasidi, 2003).

A informação sobre a composição dos cogumelos é, na melhor das hipóteses, difícil de avaliar em termos de nutrição. É frequentemente impossível comparar os resultados obtidos por diferentes investigadores que trabalham com as mesmas espécies de cogumelos, uma vez que a composição de uma determinada espécie é afetada por muitas variáveis. Estas incluem diferenças básicas entre estirpes, a composição do substrato de crescimento, o método de cultivo, as imprecisões inerentes aos métodos de análise e a precisão relativa do analista. Os cogumelos comestíveis ganharam importância na medicina moderna devido aos seus valores farmacológicos. Os valores medicinais de algumas espécies importantes são enumerados a seguir:

ESPÉCIES	PROPRIEDADES MEDICINAIS
Auricularia specie	Tratamento da pilosidade e redução do colesterol no sangue
Volveriella volvacea	Inibe a respiração das células tumorais
Pleurotus Sajor caju	Aumenta a esperança de vida dos doentes com insuficiência hepática crónica
Gonoderm nutrieuticals	Anti-Hiv, hepatite B e vírus Epsteen barr
Agaricus bisporus	Cura a hipertensão
Pleurotus spp	Reação muscular e articular
Calvatia giganlia	Fonte de calvacina anti-tumoral
Politríqueos auriculares	Melhora a circulação sanguínea
Gonoderma lucidum	Rejuvenescimento do efeito da neurastenia
Gridola frondsa	Reforço da saúde/resistência às doenças
Hericium erinaceus	Benéfico para o coração, os rins, o fígado, os pulmões e o baço
Lentinus edodes	Reforço da saúde/resistência às doenças.
Tremella fuciiformits	Reforço da saúde/resistência às doenças.
Tricholoma-monagolicium	Para os males do estômago e do intestino

CAPÍTULO 3

3.0 MATERIAIS E MÉTODO

3.1 MÉTODO EXPERIMENTAL

Este estudo foi dividido em duas fases. A primeira fase foi um ensaio geral sobre a possibilidade de crescimento/produção de corpos de fruto de três espécies de cogumelos; *Pleurotus tuber-regium, Pleurotus ostreatus var florida* e *Volvariella volvacea* em sete resíduos domésticos, nomeadamente, serradura, resíduos de algodão, cascas de plátano, cascas de laranja, casca de milho, carolo de milho e cascas de mandioca com resíduos de aves de capoeira e suplementos de cal, enquanto a segunda fase consistiu na investigação dos efeitos de diferentes concentrações de resíduos de aves de capoeira nos parâmetros de crescimento e rendimento das três espécies de cogumelos cultivadas no melhor substrato de resíduos da primeira fase.

3.2 Câmara de crescimento de cogumelos

A câmara de crescimento de cogumelos de 8 pés x 5 pés foi construída com madeira e esteira local. Utilizaram-se materiais de polietileno para cobrir a esteira de forma a reduzir o efeito da chuva na esteira. A escolha do tapete foi feita porque tem a capacidade de reduzir a penetração de calor na câmara e, em segundo lugar, porque está facilmente disponível. Foram construídas prateleiras ao longo da parede da casa, no interior, para garantir uma maior área de cultivo.

3.3 Fonte de materiais de substrato

Os resíduos (casca de milho, sabugo de milho, cascas de laranja, cascas de mandioca, cascas de banana) foram recolhidos na comunidade de Choba, enquanto a serradura foi recolhida na serração de Mgbuoba, também em Port Harcourt, no Estado de Rivers, na Nigéria. Os resíduos de aves de capoeira foram obtidos numa quinta em Mgbuoba, no Estado de Rivers, na Nigéria.

A semente de *Pleutoru tube-regium* e *Pleurotus ostreatus var florida* foi obtida da Dilomat Farms em Port Harcourt, enquanto a semente de *Volverilla volvacea* foi obtida do Federal Institute for Industrial Research, Oshodi (FIIRO) Lagos State, Nigéria.

3.4.1Preparação dos substratos

3.4.2Preparação da compostagem/substratos

Os resíduos foram primeiro cortados com uma faca para reduzir o seu tamanho parcial e completamente secos, 8 quilogramas de cada um dos substratos cortados foram humedecidos e misturados cuidadosamente com 2% de cal e 2,5% de resíduos de aves de capoeira secos e empilhados em montes. Os montes foram cobertos com sacos de polietileno e deixados a compostar durante sete dias (compostagem curta). O composto foi revolvido pela primeira vez no 5° dia e humedecido de novo (Agina, 2002). Durante a segunda fase, diferentes concentrações de resíduos de aves de capoeira a 0, 1,5, 2,5 e 3,5% foram misturadas com 2% de cal nos melhores substratos (casca de milho e espiga de milho) e compostadas durante mais sete dias.

3.4.3Ensacamento

No fim da compostagem, 2 kg do substrato foram embalados em sacos de polietileno e compactados. Um tubo de PVC cortado com 2 cm de diâmetro e 2-3 cm de comprimento foi colocado à volta da boca do saco. A extremidade aberta do saco foi puxada para trás e dobrada de modo a formar um colarinho e presa com um elástico para facilitar o acesso ao substrato durante a inoculação. A extremidade aberta do saco é então fechada com resíduos de algodão.

3.4.4. Pasteurização

Os sacos de substrato foram colocados num tambor com uma grelha e um pouco de água (vaporizador) no interior. O substrato foi vaporizado a 100°C durante três horas. No final deste período, os sacos foram retirados do tambor e deixados arrefecer durante a noite antes da inoculação/desova.

3.5.1. Inoculação/Spawning

A inoculação foi feita dentro da sala de cogumelos desinfectada (para prevenir infecções). Primeiro, a semente de milho-da-índia foi desalojada para separar a semente colonizada pelo micélio. Introduziram-se pequenas quantidades de semente nos sacos pasteurizados e cobriram-se imediatamente com resíduos de algodão. Os sacos recém-inoculados foram ligeiramente amontoados para distribuir os grãos uniformemente na zona do ombro dos sacos à volta do pescoço. Colocaram-se pequenas quantidades de resíduos de algodão com semente de *V.volvacea* na zona dos ombros do saco, à volta do pescoço, e fechou-se atrás.

3.5.2: Inucubação

Os sacos de inoculação foram mantidos numa sala escura até o micélio ter penetrado completamente no substrato. O período de incubação dependia da combinação substrato/substrato. Os sacos foram abertos e regados para iniciar a frutificação.

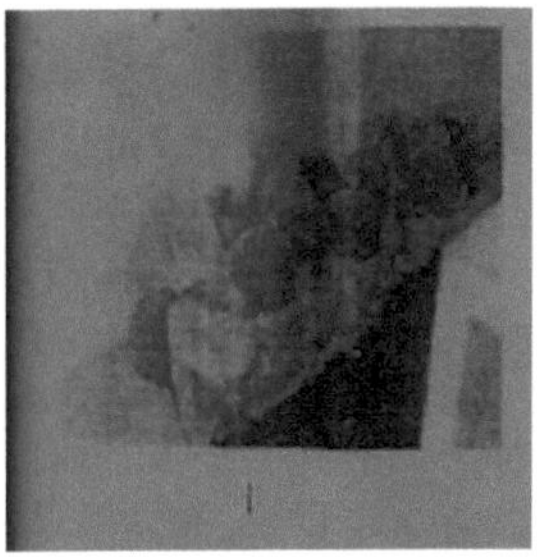

FIG. 1: INCUBAÇÃO INCUBAÇÃO

3.5.3. Frutificação

A parte da boca foi cortada com uma lâmina de barbear e as fendas foram cortadas ao comprido e regadas para iniciar a frutificação. A frutificação requer um intervalo de temperatura adequado de 20-28°C, ventilação, luz, humidade e humidade de 80-95%. A humidade é fornecida pela rega diária; contudo, o substrato nunca deve ficar encharcado.

INCUBAÇÃO

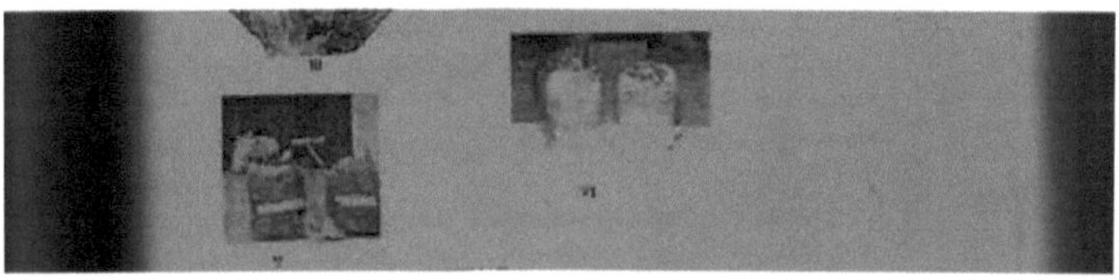

FIG. 2. CORPO FRUTÍFERO DE *VOLVARIEL VOLVACEA*

S CORPO DE FRUTO DE *VOLVARIELA VOLVACEA*

3.5.4Colheita

Os primórdios dos cogumelos começarão a formar-se aproximadamente 3-4 dias após a abertura dos sacos. Os cogumelos maduros devem estar prontos para serem colhidos dentro de mais 2-3 dias. Para colher os cogumelos, segurar o talo e torcer e puxar suavemente.

3.6.1Medição de alguns parâmetros dos substratos

3.6.2Teor de humidade: O teor de humidade do substrato no momento da postura foi medido através da pesagem e secagem em estufa de algumas amostras. O substrato seco na estufa foi novamente pesado. A perda de peso representa o teor de humidade.

3.6.3pH do substrato

O pH do substrato no momento da desova foi medido com um medidor eletrónico de pH após suspensão de 10 g do substrato em água destilada durante cinco minutos.

3.6.4Temperatura do substrato

A temperatura do substrato no momento da desova foi medida com um termómetro típico de laboratório inserido nos sacos.

3.6.5O nível de crescimento/colonização das espécies de cogumelos nos substratos

O nível de crescimento/colonização das 3 espécies de cogumelos nos sete substratos foi efectuado por inspeção visual e classificado de acordo com uma escala de zero, pouco, médio e luxuriante crescimento. Também se avaliou o círculo de crescimento de cada uma das espécies de cogumelos, isto é, o período entre a inoculação e a abertura dos sacos.

3.6.6Rendimento médio total (em peso) de cogumelos por resíduo/substrato:

O rendimento por fluxo do cogumelo por resíduo foi medido com uma balança sensível. O rendimento foi medido até ao esgotamento dos substratos. O rendimento total de cada espécie por substrato foi obtido através da soma dos rendimentos por descarga.

Na segunda fase, apenas o rendimento acumulado de dois fluxos de cogumelos foi utilizado para avaliação. O peso fresco (w/w) e o peso seco dos cogumelos foram utilizados para avaliar o peso/rendimento médio dos cogumelos (mmw), a eficiência biológica (B.E) e a eficiência de bioconversão.

A eficiência biológica (E.B.) foi definida como as gramas de cogumelos frescos produzidos por 100g de palha seca/substrato utilizado. Enquanto a eficiência de bioconversão foi definida como as gramas de cogumelos secos produzidos por 100g de palha seca/substrato utilizado.

3.6.7O número de fluxos de cogumelos e a duração da produção (em semanas) por substrato:

A data de colheita de cada cogumelo por substrato foi registada juntamente com o número de fluxos de cogumelos por substrato. Foi igualmente registada a duração da produção desde o primeiro até ao último fluxo.

3.6.8Número médio de cogumelos (MMN) / Grupos de qualidade

O número de corpos de fruto colhidos em cada saco foi contado e registado e a qualidade foi avaliada através da classificação dos corpos de fruto em diferentes grupos de tamanho:

Diâmetro do píleo (calote) acima	13 cm	muito grande
	10- 13cm -	grande

5 - 10cm	- médio
2 - 5cm	- pequeno
0 - 2cm	muito pequeno

3.6.9 Perda de matéria seca

A perda de matéria seca do substrato durante o ciclo de produção foi também avaliada como a relação entre o peso do substrato no momento da postura e o peso do substrato no final do ciclo de produção e registada em percentagem.

CAPÍTULO 4

4.0 RESULTADOS E DISCUSSÃO

4.1.0. Avaliação de Três Espécies de Mushromm em Sete Agro-Resíduos industriais

O efeito do teor de humidade, pH e temperatura do substrato no momento da inoculação e o número médio de fluxos de cogumelos, a duração da produção e a produção média das três espécies de cogumelos nos sete substratos são apresentados no quadro 1 abaixo.

Tabela 1. Variações no teor de humidade, Ph, temperatura, número de fluxos, duração da produção e rendimento.

Tratamento	MC(%)	Ph	Temp.(°c)	Não de descargas	Rendimento duração (semanas)	Rendimento (w/w) em gramas
PT(Cascas de mandioca)	40a	8.4a,f,h	29acdf	0a	0a	0a
PT(Serradura)	67bk	8.01bf,g	30a,d	4 b	6b	51.3b,d
PT(Cascas de laranja)	36a	9.7c	30a,c,d	0a	0a	0a
PT(Casca de milho)	66bik	8.32ad,h	29a,c,d,f	5 c	4c	207c
PT(Resíduos de algodão)	41ah	8.01bfg	28a,c,f	0 a	0a	0a
PT(Cascas de banana-da-terra)	40a	8.03bfg	28.3a,c,f	0 a	0a	0a
PT(Espiga de milho)	68b.i,k	8.01bfg	28.7a,c,d,f	3 d	3d	61b
PO(Cascas de mandioca)	50c,e,f,h	8.03bfg	31 b,d	0a	0a	0a
PO(Serradura)	50c,e,f,h	8.03bfg	27.7a,c,f	0a	0a	0a
PO(Cascas de laranja)	40a	8.03bfg	28 a,c,f	0a	0a	0a
PO(Casca de milho)	60 d	8.4ah	30 d	0a	0a	0a
PO(Resíduos de algodão)	53,3 e,g	8.25dh	29 a,c,d,e,f	0a	0a	0a
PO(Cascas de banana-da-terra)	46.7f,h	7.8e	30a,c,d	0a	0a	0a
PO(Espiga de milho)	55 g,j	8.05f	28 a,f	0a	0a	0a
VV(Cascas de mandioca)	49f,h	8.09f	28 a,f	0a	0a	0a
VV(serradura)	45f,h	7.5g	28 a,f	0a	0a	0a
VV(Cascas de laranja)	49f,h	8.3h	30 a,d	0a	0a	0a
VV(Casca de milho)	67 i,k	8.12cfg	28 a,f	0a	0a	0a
VV(Resíduos de algodão)	55j	8.14f	30 a,c,d	0a	0a	0a

VV(Cascas de banana-da-terra)	40a	7.9e	30 a,c,d	0a	0a	0a
VV(Espiga de milho)	69k	8.03g	30a,c,d	2e	2e	20d
MEIO	51.76	8.15	29.08	0.67	0.714	16.16
LSD	**2.09**	**0.053**	**0.817**	**0.356**	**0.356**	**16.81**

LSD- Diferença mínima significativa

(a-k) valores médios dentro da mesma coluna, sem letra sobrescrita comum, diferem entre si (p=0,05) PT-Pleurotus tuber-regium;PO-Pleurotus ostreatus;VV-Volvariella volvacea;MC-Teor de humidade.

4.1.1Teor de humidade do substrato

O teor de humidade obtido das três espécies de cogumelos em sete substratos situava-se na gama de (36-69)%. Quando correlacionado com outros parâmetros, o resultado mostra uma relação positiva significativa com o número de fluxos de cogumelos, a duração da produção e a produção, sugerindo que um teor de humidade mais elevado aumenta a produção de cogumelos, enquanto que se observou uma relação negativa com o pH do substrato na desova. Este resultado está de acordo com as constatações de Das, *et al* . (1991). Estes relataram que condições favoráveis de temperatura e humidade aumentavam a produção de corpos de frutificação de cogumelos. Por conseguinte, parece que um teor de humidade mais elevado, na gama de 66-68%, é ideal tanto para o crescimento/colonização micelial como para a produção de corpos de frutificação, enquanto que o fraco crescimento/colonização e a produção nula de corpos de frutificação podem ser parcialmente atribuídos a um teor de humidade inferior a 60%. Estes resultados também estão de acordo com as conclusões de Chang,1965 e Yau, *et al.*1972.

4.1.2p^H do substrato em Spwaning

O intervalo de p^H do substrato na inoculação situou-se no intervalo (7,5-9,7) obtido a partir de diferentes combinações de espécies de cogumelos e substrato foram significativamente diferentes. Isto é bom para um crescimento/colonização adequado de micélio, visto que pode ser reduzido com o crescimento de micélio. Este resultado está de acordo com os relatórios de Zadrazil, *et al.* (1972). Quando o pH foi correlacionado com o teor de humidade, o número de fluxos de cogumelos e a duração da produção, o resultado revelou uma relação negativa, sugerindo que o aumento do pH leva a uma diminuição dos fluxos de cogumelos e da duração da produção, enquanto se obteve uma relação positiva significativa entre o pH, a temperatura e a produção.

4.1.3Temperatura do substrato no momento da desova

Os resultados também revelam que as diferentes espécies de cogumelos e o substrato requerem temperaturas diferentes para um crescimento e colonização micelial adequados, mas recomenda-se mais trabalho. A temperatura correlaciona-se negativamente com a produção de cogumelos e positivamente com o teor de humidade, o número de fluxos de cogumelos e significativamente com o pH do substrato.

4.1.4O Nível de Crescimento / Colonização e o Ciclo de Crescimento de

As espécies de cogumelos nos substratos.

Durante a primeira fase deste estudo, o sabugo de milho e a casca de milho foram excelentes no apoio ao crescimento das três espécies de cogumelos, sendo os pormenores do nível de crescimento apresentados no quadro 4. Devido ao desempenho do sabugo de milho e da casca de milho durante a primeira fase, estes dois substratos foram selecionados para a segunda fase.

fase do estudo que avaliou o efeito de diferentes níveis de resíduos de aves de capoeira utilizados como suplemento nas três espécies de cogumelos.

Tabela 2: O nível de crescimento/colonização das três espécies de cogumelos em sete resíduos (substratos)

Espécies de cogumelos	serradura	Espiga de milho	Cascas de banana-da-terra	Cascas de mandioca	Cascas de laranja	Casca de milho	Resíduos de algodão
Pleurotus tuber- regium	++	+++	+	+	++	+++	+
Pleurotus osteratus	+	+	-	-	-	+	-
Volvariella volvacea	-	+++	-	-	-	+++	++

Legenda :

Sem crescimento (0%); + Pouco crescimento (1-40%); ++ Crescimento médio (41-60%); +++ Crescimento luxuriante (acima de 60%)

4.1.5Duração do rendimento

Também se investigou a duração do rendimento no intervalo (0-6) de semanas da produção do corpo do fruto pelas três espécies nos sete substratos, que foram significativamente diferentes. Quando correlacionada com outros parâmetros, a duração da produção teve uma correlação positiva significativa com o teor de humidade, o número de fluxos de cogumelos e a produção média de cogumelos e a temperatura do substrato, mas registou-se uma relação negativa entre a duração da produção e o pH do substrato, o que sugere que um pH mais elevado do substrato reduz a duração da produção (quadro 1).

4.1.6Lavagens de cogumelos

O número de fluxos de cogumelos no intervalo (0-5) obtido neste estudo é significativamente diferente. O resultado também revelou que um teor de humidade superior a 68% aumenta o número de fluxos de cogumelos. No entanto, quando submetido a uma análise de correlação, o número de fluxos teve uma correlação positiva significativa com o teor de humidade, a duração da produção, a produção de cogumelos e a temperatura do substrato, o que mostra que, à medida que estes parâmetros aumentam, o número de fluxos também aumenta. No entanto, obteve-se uma relação negativa entre o número de enxaguamentos e a temperatura do substrato.

4.1.7Produção média/fluxos das espécies de cogumelos nos substratos

Pleurotu tuber-regium em serradura produziu o maior rendimento médio de 33g no 2º fluxo. *P. tuber-regium* em palha de milho produziu o maior rendimento de 45g no 2º fluxo, *P. tuber regium* em palha de milho produziu o maior rendimento de 87g no 3º fluxo, enquanto *V. volvacea* em espiga de milho produziu o maior rendimento de 13g no 2º fluxo. A partir desta análise, o rendimento médio mais elevado por ciclo, de 87 g, foi produzido por *P. tuber regium* na palha de milho no 3º ciclo, enquanto o mínimo de 6 g por ciclo foi obtido por *V. volvacea* no sabugo de milho no 1º ciclo, embora estes valores sejam significativamente diferentes. Também se observou que a produção por fluxo diminuiu com o envelhecimento dos substratos devido ao esgotamento do conteúdo de matéria orgânica do substrato. *P. tuber-regium* em serradura teve um decréscimo de rendimento após o segundo fluxo, *P. tuber-regium* em espiga de milho teve um decréscimo após o segundo fluxo. *P. tuber-regium* em palha de milho teve um decréscimo após o 3º fluxo, enquanto a produção de *V.volvacea* em espiga de milho foi nula após o 2º fluxo.

Quadro 3: Produção média por fluxo das espécies de cogumelos em sete substratos (em gramas)

Tratamento	Primeira descarga	Segunda descarga	Terceira descarga	Quarta descarga	Quinta descarga
Pleurotus tuber-regium (serradura)	12a	33a	23a	18a	0a
Pleurotus tuber-regium	8b	45b	22a	0b	0a
(espiga de milho)	71c	38c	87b	20c	22b

Pleurotus tuber-regium (palha de milho)					
Volvariella volvacea (serradura)	0d	0d	0c	0b	0a
Volvariella volvacea(milho espiga)	6	13e	0c	0b	0a
Volvariella volvacea (milho casca)	0d	0d	0c	0b	0a
Média	16.17	21.5	22.0	6.33	3.67
LSD	**0.577**	**0.667**	**0.577**	**0.471**	**0.333**

Legenda

LSD- Diferença mínima significativa

(a-d) os valores médios dentro da mesma coluna sem letra comum sobrescrita diferem (p=0,05)

4.1.8Rendimento médio (peso húmido) dos cogumelos por substrato

O rendimento médio foi obtido a partir do rendimento acumulado/flush até o substrato estar totalmente esgotado. O rendimento médio total de 207, 61, 51,3 e 20 gramas foi obtido de *P.tuber-regium* em palha de milho, *P.tuber-regium* em sabugo de milho, *P.tuber-regium* em serradura e *V.volvacea* em sabugo de milho, respetivamente.

No entanto, estes valores foram submetidos a uma análise estatística e os resultados obtidos mostram uma diferença estatística entre as três espécies e os sete substratos. A produção de *P. ostreatus var florida* foi nula em todos os sete substratos, o que pode ser atribuído, em parte, às más condições ambientais, tais como o teor de humidade e a temperatura do substrato no momento da postura.

4.2.1. CULTIVO DE *PLEUROTUS OSTERATUS VAR FLORIDA* EM CASCA DE MILHO UTILIZANDO DIFERENTES CONCENTRAÇÕES DE RESÍDUOS DE AVES COMO SUPLEMENTO.

O efeito de diferentes concentrações de resíduos de aves de capoeira no ciclo de crescimento, idade da primeira frutificação, MMW, MNM, B.E, BCE, perda de matéria seca é apresentado no Quadro 4.

4.2.2Ciclo de crescimento:

Pleurotus osteratus var florida cultivado em casca de milho teve 50% de crescimento/colonização após 37 dias de inoculação em todos os níveis de enriquecimento (Tabela 1). Isto pode ser atribuído ao teor de humidade relativamente elevado do meio de crescimento durante o período de compostagem, o que pode ter dificultado o crescimento dos micélios. Este resultado está de acordo com o primeiro princípio de Kleb, que afirma que a cessação do crescimento vigoroso dos micélios vegetativos depende quer da exaustão dos nutrientes quer da acumulação de factores de estagnação, como o excesso de humidade no meio. Este excesso de humidade que se acumulou no fundo dos sacos de polietileno pode ter impedido o crescimento dos micélios; no entanto, o crescimento dos micélios recomeçou depois de terem sido feitas incisões no fundo dos sacos. Este recomeço do crescimento micelial atrasou, contudo, a produção do segundo fluxo.

4.2.3Idade da primeira descarga:

As primeiras idades de frutificação em dias variaram entre 40-51 dias após a inoculação. Quinze por cento de aditivo de resíduos de aves de capoeira foi o último a produzir corpos de fruto aos 51 dias após a postura. Estes valores foram estatisticamente diferentes, indicando que a adição de resíduos de aves de capoeira ao substrato tem o potencial de influenciar a produção de corpos de fruto. Este resultado está de acordo com Markson *et al.*, (2012).

Quadro 4: Efeitos de diferentes concentrações de resíduos de aves de capoeira no ciclo de crescimento, idade da primeira frutificação, MMW, MNM, B.E, BCE, perda de matéria seca.

Concentrações de resíduos aves de capoeira (%)	Ciclo de crescimento (dias)	Idade de primeira frutificação (dias)	MMW (g)	MNM	BE (%)	BCE (%)	Perda de matéria seca (%)
0	37	41^{a}	45^{a}	6.6^{a}	2.25^{a}	0.28^{a}	53.3^{a}
1.5	37	51^{b}	58.3^{b}	7.3^{a}	2.91^{a}	0.27^{a}	51.7^{b}
2.5	37	41^{a}	57.5^{c}	19.5^{b}	2.88^{a}	0.34^{a}	60.0^{c}
3.5	37	40^{a}	50.0^{d}	11.3^{c}	2.50^{a}	0.29^{a}	55.0^{d}
FLSD (p=0,05)	NS	1.02	2.6	3.1	NS	NS	1.2

lenda

a -Os valores médios dentro da mesma coluna com sobrescritos comuns não diferem entre si (P=0,05).

4.2.4Peso médio dos cogumelos:

O peso/rendimento médio dos cogumelos (w/w) (MMW) aumentou em 13,3 , 12,5, e 5 g a níveis de 1,5 e 2,5 e 3,5 % de aditivo de resíduos de aves de capoeira quando comparado com o controlo, respetivamente. O nível de enriquecimento de 1,5% revelou-se superior ao nível de 3,5%, produzindo mais 8,3 g de cogumelos. Também 2,5% revelou mais 7,5 g de cogumelos quando comparado com o nível de enriquecimento de 3,5%. Este resultado também está de acordo com Uddin, *et al.*, (2011) e Markson *et al.*, (2012), o que sugere que uma maior quantidade de resíduos de aves de capoeira (suplemento) no substrato não se traduz num maior peso médio dos cogumelos.

4.2.5O número médio de cogumelos:

O número médio de corpos de frutificação de cogumelos aumentou em 0,7, 12,9 e 4,7 a 1,5, 2,5 e 3,5%, respetivamente, em relação ao controlo. A diferença média mais elevada de 13,9 na casca de milho que recebeu um nível de enriquecimento de 2,5% de resíduos de aves de capoeira sugere que o aumento da quantidade de suplementos/aditivos no substrato não aumenta necessariamente o número de corpos de frutificação de cogumelos produzidos. Este resultado está de acordo com as constatações de Das *et al.* (1991) que afirmam que as variações nas estações afectam seriamente o número de corpos de frutificação de cogumelos produzidos. Relataram que condições favoráveis de temperatura e humidade aumentaram a produção de corpos de frutificação de cogumelos.

4.2.6Eficiência de bioconversão: A eficiência de bioconversão dos diferentes níveis de enriquecimento não mostrou qualquer diferença significativa. Os valores situaram-se no intervalo de 0,27 a 0,34 %. A baixa eficiência biológica e a baixa eficiência de bioconversão podem ser atribuídas ao baixo rendimento devido a factores ambientais como a humidade, a temperatura e o regime de humidade.

4.2.7Rendimento de matéria seca: O controlo registou um valor significativamente mais elevado de perda de matéria seca em relação ao rendimento do cogumelo que foi produzido a partir da casca de milho que recebeu 1,5% de enriquecimento com resíduos de aves. Este facto pode ter resultado do aumento do regime de humidade da casca de milho enriquecida. Também se verificaram aumentos significativos de matéria seca de 5,7 e 1,7 com níveis de aditivo de 2,5 e 3,5%, respetivamente, quando comparados com o controlo. O número e o peso unitário dos cogumelos não foram proporcionais à sua perda de matéria seca. A perda elevada de matéria seca pode ser atribuída ao período relativamente longo de incubação.

4.2.8Eficiência biológica: A eficiência biológica do *Pleurotus osteratus var florida* na casca de milho tratada com diferentes concentrações de resíduos de aves de capoeira não diferiu significativamente quando os tratamentos foram comparados com o controlo e quando os diferentes níveis de enriquecimento foram comparados entre si. No entanto, as eficiências biológicas dos diferentes tratamentos variaram entre 2,25 e 2,91%. O valor de eficiência mais elevado foi obtido a partir de 1,5% de resíduos de aves de capoeira, enquanto o valor mais baixo foi registado a partir da casca de milho que recebeu 0% de enriquecimento de resíduos de aves de capoeira. Este resultado aponta para o facto de que um enriquecimento elevado do substrato de palha de milho com resíduos de aves de capoeira pode não garantir rendimentos económicos elevados. Este facto pode ser atribuído à curta duração do estudo, que pode ter resultado numa eficiência biológica insignificante. Estes resultados também estão de acordo com as conclusões de Markson *et al.* (2012).

4.2.9Grupos de tamanhos de cogumelos: O efeito de diferentes enriquecimentos de resíduos de aves de capoeira na distribuição de tamanhos de cogumelos (isto é, número percentual de grupos de tamanhos diferentes) é apresentado na tabela 2. Houve uma diferença estatisticamente significativa na produção de tamanhos dos diferentes enriquecimentos de aves de capoeira quando o controlo foi comparado com os tratamentos e quando os tratamentos foram comparados entre si.Além disso, a maior quantidade de cogumelos que mediam 0-2 cm (ou seja, muito pequenos) foi produzida pela casca de milho que recebeu 2,5% de enriquecimento com resíduos de aves de capoeira. Estes resultados estão de acordo com as conclusões de Markson *et al.*(2012).

Quadro 5. Efeitos das diferentes concentrações de resíduos de aves de capoeira na qualidade dos cogumelos avaliados por diferentes grupos de tamanho (% do número de cogumelos colhidos)

Concentração de resíduos de aves de capoeira (%)	**Grupos de tamanhos diferentes**				
	Muito grande (acima de 13cm)	Grande (10-13cm)	Médio (5-10 cm)	Pequeno (2-5 cm)	Muito pequeno (0-2cm)
0	0.0	19.7^{a}	9.0^{a}	39.4^{a}	15.2^{a}
1.5	0.0	27.4b	17.6^{b}	31.5^{b}	17.8^{b}
2.5	0.0	5.1c	11.8c	23.6^{c}	25.6^{c}
3.5	2.7	8.8d	46.9d	17.7^{d}	20.4^{d}
FLSD (p=0,05)	1.0	2.0	1.2	2.1	1.89

Os valores médios dentro da mesma coluna com o mesmo sobrescrito não diferem significativamente.

4.3.1 . EFEITOS DOS RESÍDUOS DE AVES DE CAPOEIRA NA CULTURA DE *VOLVARIELA VOLVACEA* NA PALHA DE MILHO

O efeito de diferentes concentrações de resíduos de aves de capoeira no ciclo de crescimento, idade da primeira frutificação, MMW, MNM, B.E, BCE, perda de matéria seca é apresentado na tabela 1.**4.3.1 Ciclo de crescimento:** *Volvariella volvacea* cultivada em casca de milho em todos os tratamentos teve 100 % de crescimento/colonização após 31 dias de inoculação. Este resultado não está de acordo com Belewu, *et al.*(2005) em *Volvariella volvacea* cultivada em folhas de bananeira, o que pode ser atribuído a diferenças no substrato utilizado e nas condições climáticas nas respectivas câmaras de crescimento.

4.3.2 Idade do primeiro fluxo: A idade média da primeira frutificação varia entre 43 e 54 dias após a inoculação. O primeiro fluxo foi produzido a partir do tratamento com 3,5 % de resíduos de aves de capoeira após 43 dias de inoculação (12 dias após a abertura dos sacos), enquanto o último foi produzido a partir de 0 % de resíduos de aves de capoeira (controlo) após 54 dias de inoculação (23 dias após a abertura). Este resultado sugere que quantidades mais elevadas de resíduos de aves de capoeira no substrato podem ter influenciado a idade do substrato aquando da primeira frutificação, mas recomenda-se a realização de mais trabalhos.

Quadro 6: Efeitos de diferentes concentrações de resíduos de aves de capoeira no ciclo de crescimento, idade da primeira frutificação, MMW, MNM, B.E BCE, perda de matéria seca.

Concentração de resíduos de aves de capoeira (%)	Ciclo de crescimento (dias)	Idade da primeira frutificação (dias)	MMW (g)	[A]MNM	SER (%)	BCE (%)	Perda de matéria seca (%)
0	31	54^a	10^b	1.0^b	0.55^b	0.06^b	60^b
1.5	31	52^a	25^b	1.5^b	1.38^b	1.16^a	45^b
2.5	31	45^a	15^b	2.0^b	0.83^b	0.04^b	*
3.5	31	43^a	^{5b}	1.0^b	0.27^b	0.03^b	*
LSD (p=0.05)	**NS**	**NS**	**NS**	**NS**	**NS**	**0.09**	**NS**

(a-b) Os valores médios dentro da mesma coluna sem letras de sobrescrito comuns diferem em (P=0,05).

[A]Valores médios.

***Contaminado.**

NS-Não significativo.

LSD-Diferença mínima significativa.

4.3.3 Peso médio do cogumelo: O peso médio dos cogumelos/rendimentos (w/w) (MMW) estava na gama (5-25 g) de diferentes concentrações de resíduos de aves . O peso médio mais elevado de cogumelos foi obtido do tratamento com 1,5 % de resíduos de aves. Estes valores não foram, no entanto, significativamente diferentes a (P=0,05). Este resultado também está de acordo com Uddin, *et al* (2011), Onuoha, *et al* (2009) e Markson *et al* (2012), o que sugere que uma maior quantidade de resíduos de aves (suplemento) no substrato não se traduz num maior peso médio dos cogumelos.

4.3.4 O número médio de cogumelos: O número médio de corpos frutíferos de cogumelos está no intervalo (1,0-2,0). O valor mais alto de 2,0 foi obtido com 2,5 % de resíduos de aves de capoeira. Estes valores também não foram significativamente diferentes a (P=0,05) como se mostra na Tabela 1. Este resultado sugere que o aumento da quantidade de suplementos/aditivos no substrato não aumenta necessariamente o número de corpos de frutificação de cogumelos produzidos. Este resultado está de acordo com as constatações de Das *et al* . (1991) que afirma que as variações nas estações afectam seriamente o número de corpos de frutificação de cogumelos produzidos. Relataram que condições favoráveis de temperatura e humidade aumentavam a produção de corpos de frutificação de cogumelos.

4.3.5 Eficiência biológica: A eficiência biológica situou-se no intervalo (0,27-1,38 %) das diferentes concentrações de resíduos de aves de capoeira. Estes valores não foram significativamente diferentes a (P=0,05). O aumento da quantidade de resíduos de aves de capoeira (suplemento) resultou num aumento da eficiência biológica até 1,38% e depois a eficiência diminuiu novamente. Esta redução da eficiência pode dever-se à compactação ou ao fraco arejamento dos substratos, o que resulta numa utilização insuficiente dos nutrientes, o que também pode dever-se à limitação dos espaços ou superfícies para o desenvolvimento dos corpos de frutificação e ao curto ciclo de produção deste estudo, o que está de acordo com Royse *et al.*(2004).

4.3.6 Eficiência de bioconversão: Estes estão na gama (0,03-1,16 %) e os valores são significativamente diferentes a (P=0,05). O tratamento com 1,5 % de resíduos de aves de capoeira foi estatisticamente diferente das outras concentrações. A baixa eficiência de bioconversão pode ser atribuída ao baixo rendimento devido a factores ambientais e ao curto ciclo de produção deste estudo.

4.3.7 Perda de matéria seca: Também não houve diferença significativa (P = 0,05) para a perda de matéria seca, que estava na faixa de (45-60%). A elevada perda de matéria seca não está de acordo com o rendimento, as eficiências biológicas e de bioconversão, o que pode ser atribuído ao facto de que a maior parte da matéria seca foi perdida para a atmosfera como dióxido de carbono devido à respiração dos cogumelos, enquanto que a menor parte foi assimilada nos corpos de fruto dos cogumelos.

4.3.8 Qualidade dos cogumelos:

O efeito das diferentes concentrações de resíduos de aves de capoeira na qualidade dos cogumelos, avaliada por diferentes grupos de tamanho (% de cogumelos colhidos), é apresentado no quadro 2. Todos os corpos de fruto produzidos a partir dos tratamentos com 0 e 1,5 % de resíduos de aves de capoeira estavam na categoria média. Do mesmo modo, todos os corpos de fruto produzidos com 3,5 % de resíduos de aves de capoeira estavam na categoria pequena. 2,5 % de resíduos de aves de capoeira produziram 50 % cada um nas categorias média e pequena, como se mostra no quadro 2.

Estes resultados estão, no entanto, de acordo com Markson *et al.* (2012).

Quadro 7. Efeitos das diferentes concentrações de resíduos de aves de capoeira na qualidade dos cogumelos avaliados por diferentes grupos de tamanho (% de cogumelos colhidos).

Concentração De aves de capoeira (%)	Diferentes grupos laterais				
	Muito grande (acima de 13cm)	Grande (10-13cm)	Médio (5-10 cm)	Pequeno (2-5 cm)	Muito pequeno (0-2cm)
0	-	-	100	-	-
1.5	-	-	100	-	-
2.5	-	-	50	50	-
3.5	-	-	-	100	-

4.4.1 .PLEUROTUS TUBER-REGIUM PRODUÇÃO EM ESPIGA DE MILHO COM DIFERENTES CONCENTRAÇÕES DE RESÍDUOS DE AVES DE CAPOEIRA.

A produção de cogumelos, o número médio de cogumelos, o ciclo de crescimento, a eficiência biológica, a eficiência de bioconversão, a perda de matéria seca, a idade do substrato na primeira frutificação e a qualidade dos cogumelos são apresentados no Quadro 8, sendo cada dado a média de três réplicas.

4.4.2 Ciclo de crescimento: *Pleurotus tuber-regium* em espiga de milho teve 100% de colonização após 20 dias de desova a partir de diferentes concentrações de resíduos de aves de capoeira e foi induzido para frutificação no mesmo dia . No entanto, a produção de corpos frutíferos foi atrasada para 31 dias (ou seja, 11 dias após a indução) para 0% e 1,5% de resíduos de aves de capoeira, enquanto que os corpos frutíferos foram produzidos a partir de 2,5% e 3,5% de resíduos de aves de capoeira após 33 dias (ou seja, 13 dias após a indução), a produção de corpos frutíferos foi mais rápida nos tratamentos que receberam concentrações mais baixas de resíduos de aves de capoeira.No entanto, isto foi mais longo do que os resultados obtidos por Elenwo e Ojum (no prelo) (24 dias após a inoculação de *Pleurotus tuber-regium* em serradura). *Pleurotus tuber-regium* em espiga de milho requer um mínimo de 31 dias após a inoculação para a produção de corpos de fruto, para permitir a maturação micelial.

4.4.3 Peso médio do cogumelo: Obteve-se um peso médio de cogumelo de 160, 112,5, 100 e 107,5 gramas de *Pleurotus tuber-regium* a partir de 0, 1,5, 2,5 e 3,5 % de resíduos de aves de capoeira, respetivamente. Estes valores foram significativamente diferentes a (P=5%). 0% de resíduos de aves de capoeira foi estatisticamente melhor do que outras concentrações de resíduos de aves de capoeira, sugerindo que *Pleurotus tuber-regium* pode ser cultivado em espiga de milho sem adição de resíduos de aves de capoeira.

4.4.4 Número médio de cogumelos: O número médio mais alto de cogumelos, 28, foi obtido com 3,5% de resíduos de aves de capoeira, enquanto 21,5, 15,5 e 10,3 corpos de fruto foram obtidos com 0, 1,5 e 2,5% de resíduos de aves *de* capoeira, respetivamente.Este resultado está, no entanto, de acordo com a observação feita por Chang e Hayes (1978) na qual afirmaram que todos os factores chave para o desenvolvimento do corpo do fruto e parâmetros de rendimento na produção de Pleurotus estão concentrados nos factores ecológicos: clima, microclimas e ar condicionado.

4.4.5 Eficiência biológica (E.B.): A eficiência biológica (E.B.) de *Pleurotus tuber-regium* em espiga de milho foi reduzida por concentrações mais elevadas de resíduos de aves de capoeira. O valor mais elevado, 8%, foi obtido com 0% de resíduos de aves de capoeira, enquanto 5,6, 5,0 e 5,4% foram obtidos com 1,5, 2,5 e 3,5% de resíduos de aves de capoeira, respetivamente.

4.4.6 Eficiência de bioconversão: A eficiência de bioconversão foi igualmente baixa, com 0,93, 0,59, 0,58 e 0,62% obtidos a partir de 0,1,5, 2,5 e 3,5 % de resíduos de aves de capoeira, respetivamente, e estes valores também não são significativamente diferentes, o que também pode ser atribuído à curta duração do estudo.

4.4.7 Perda de matéria seca: A perda de matéria seca de *Pleurotus tuber-regium* no sabugo de milho foi de (22,8-27,3%), sendo a mais elevada obtida com 3,5% de resíduos de aves. Esta baixa perda de matéria seca está de acordo com o baixo rendimento e as baixas eficiências biológicas e de bioconversão, uma vez que o elevado rendimento do cogumelo e a eficiência biológica correspondem a uma elevada perda de matéria seca (Zhang, *et al.*(2002).

Quadro 8: Efeitos de diferentes concentrações de resíduos de aves de capoeira no ciclo de crescimento, idade da primeira frutificação, peso médio dos cogumelos (MMW), número médio de cogumelos (MNM), eficiência biológica (BE), eficiência de bioconversão (BCE), perda de matéria seca.

Concentrações de resíduos de aves capoeira (%)	Ciclo de crescimento (dias)	Idade da primeira frutificação (dias)	MMW (g)	[A]MNM	BE(%)	BCE(%)	Perda de matéria seca (%)
0	20[a]	31[a]	160[a]	21.0[a]	8.0[a]	0.93[b]	22.8[a]
1.5	20[a]	31[a]	112.5[b]	15.3[a]	5.6[b]	0.59[b]	23.0[a]
2.5	20[a]	33[a]	100[b]	10.3[a]	5.0[b]	0.58[b]	27.3[a]
3.5	20[a]	33[a]	107.5[b]	28.0[a]	5.4[b]	0.62[b]	26.3[a]
LSD	-	-	23.03	-	1.22	-	-

;egend

(a-b)-Os valores médios dentro da mesma coluna sem letra comum sobrescrita diferem (p=0,05)

4.4.8 Qualidade dos cogumelos: Quanto mais altas forem as concentrações de resíduos de aves de capoeira, mais baixa será a qualidade dos corpos de fruto de *Pleurotus tuber-regium*. 0% de resíduos de aves de capoeira produziu a qualidade mais alta de cogumelo (muito grande) de 11,6% dos cogumelos colhidos, enquanto que a qualidade mais baixa (muito pequena) de 58,9% dos cogumelos colhidos foi obtida de 3,5% de resíduos de aves de capoeira, como se mostra na tabela 2.(1990) e Donoghue e Denison (1996) que se obtêm cogumelos maiores e mais pesados quando o E.B. é baixo. Este resultado está de acordo com a observação feita por Zadrazil (1973c) que a qualidade e o tempo de armazenamento são funções da composição do substrato e das técnicas de cultivo.

Tabela 9: Efeitos das diferentes concentrações de resíduos de aves de capoeira na qualidade de Pleurotus tuber-regium em espiga de milho avaliada por diferentes grupos de tamanho (% do número de cogumelos colhidos)

Concentrações de resíduos de aves de capoeira(		**Tamanho diferente**	**grupos**		
	Muito grande (acima de 13 cm)	**Grande (10-13cm)**	**Médio(5- 10cm)**	**Pequeno(2-5cm)**	**Muito pequeno (0-2cm)**
0	11.6a	20.9a	11.6a	46.5a	18.6a
1.5	6.5b	19.4b	22.6b	19.4b	35.5b
2.5	4.8c	19.0b	19.0c	14.3c	42.9c
3.5	0d	12.5c	14.3d	14.3c	58.9d
Média	5.73	17.95	16.88	23.63	38.98
LSD	**0.071**	**0.414**	**0.414**	**0.0817**	**0.0817**

Legenda

(a-d)-Os valores médios dentro da mesma coluna sem letra comum sobrescrita diferem (p=0,05)

CAPÍTULO 5

5.0 RESUMO, CONCLUSÃO E RECOMENDAÇÃO

Este estudo teve como objetivo a utilização eficiente através da reintegração de enormes resíduos agrícolas/domésticos no cultivo de cogumelos e também a redução do custo de produção de cogumelos, daí a utilização de resíduos de aves e cal como aditivo. O estudo foi efectuado em duas fases. A primeira fase consistiu num estudo geral sobre a possibilidade de cultivar três espécies de cogumelos, nomeadamente *Pleurotus tuber -regium*, *Pleurotus ostreatus var florida* e *Volvariella volvacea*, em sete resíduos domésticos, tais como cascas de mandioca, cascas de laranja, cascas de banana, resíduos de algodão, casca de milho e espiga de milho e serradura com 2,5 e 2% de resíduos de aves e cal, respetivamente. O resultado obtido nesta fase mostra que o sabugo de milho e a casca de milho foram os resíduos que se destacaram em termos de apoio ao crescimento das três espécies de cogumelos, rendimento total de cogumelos/flush e a duração mais longa do rendimento. *Pleurotus tuber-regium* em casca de milho deu o rendimento médio mais alto de 207 g durante quatro semanas com cinco fluxos de cogumelos, sabugo de milho 61 g durante três semanas com três fluxos de cogumelos e serradura 51,3 g durante seis semanas com quatro fluxos de cogumelos. *A Volvariella volvacea* no sabugo de milho deu o menor rendimento médio de 20 g durante duas semanas com dois fluxos de cogumelos.

Este estudo revelou que *Pleurotus osteratus var florida* pode ser cultivado em casca de milho com a adição de resíduos de aves de capoeira como suplemento nutricional. O melhor nível de resíduos de aves de capoeira para cogumelos de tamanho grande e médio foi de 3,5%, enquanto o melhor nível de resíduos de aves de capoeira para cogumelos de tamanho pequeno e grande quantidade foi de 0%. Um teor de humidade elevado do composto, superior a 70%, impede o crescimento de micélios. As diferentes concentrações de resíduos de aves de capoeira não têm efeito sobre a eficiência biológica, a eficiência de bioconversão e a perda de matéria seca. No entanto, quanto mais longo for o ciclo de produção, maior será a perda de matéria seca. *O Pleurotus osteratus var florida* pode ser facilmente utilizado para reciclar as enormes quantidades de palha de milho geradas durante a época do milho de uma forma amiga do ambiente.

A Volvariella volvacea pode ser cultivada em casca de milho com ou sem a adição de resíduos de aves de capoeira como suplemento. É necessário um mínimo de 43 dias após a inoculação para a produção de corpos de fruto. No entanto, uma concentração mais elevada de resíduos de aves de capoeira até 3,5 % favorece a produção precoce de corpos de fruto. As diferentes concentrações de resíduos de aves de capoeira não tiveram um efeito significativo no peso médio dos cogumelos e no número médio de corpos de fruto de cogumelos.

As principais conclusões do estudo sobre o cultivo de Pleurotus tuber-regium em sabugo de milho são resumidas da seguinte forma: as diferentes concentrações de resíduos de aves não têm efeito sobre o ciclo de crescimento, *Pleurotus tuber-regium* em sabugo de milho requer um mínimo de 31 dias após a desova para a produção do corpo do fruto.Comparando o rendimento de diferentes concentrações de resíduos de aves de capoeira, 0% de resíduos de aves de capoeira produziu um rendimento / peso médio de cogumelos significativamente mais elevado do que outras concentrações de resíduos de aves de capoeira, o que significa que *o P. tuber-regium* pode ser cultivado em espiga de milho sem suplementação de nutrientes.As concentrações mais elevadas de resíduos de aves de capoeira reduziram tanto a eficiência biológica, que se situa no intervalo (5,0-8%), como a eficiência de bioconversão, que se situa no intervalo (0,93-0,58%).A perda de matéria seca do substrato após o crescimento dos cogumelos variou entre (22,8-27,3%). A perda de matéria seca é significativa em termos de redução da massa de palha para posterior eliminação. A cultura de cogumelos utilizando espiga de milho provou ser um método altamente eficiente para a eliminação destes resíduos agrícolas, bem como para a produção de alimentos humanos nutritivos.

REFERÊNCIAS

Alicbusan, R.V., e Ela, V.M.(1967). "Cultura de cogumelos", Tech.Bull. No 5. Universidade das Filipinas, Faculdade de Agricultura, Laguma, Filipinas.

Barron, G.L., e Fletcher, J.R.(1970).Can. J.Bot.48, 1137.

Block,S.S., Tsao,G., e Han, L.(1959).Experiências no cultivo de *Pleurotus ostreatus*. Mushroom Sci.4,309-325.

Boers, A.(1991).Uma estimativa da produção operacional de cogumelos em estufa.Periodieke Rapportage Land Bouro Economisch Instituut 24-91,página 18.

Boskaran, T.L.,Shivapara-Kasam,K., and Kandaswamy, T.K.(1978).Compact bag method :a new method of increasing the yield of *Pleurotus sajo-caju*.Indian.J.Mushroom 2, 10-12.

Bouriquet, G.(1964). A propos de la culture des Volvaires ou champignons depaille.

(sobre o cultivo de cogumelos de palha de arroz *Volvarialla*).Agron. Trop.19,781- 787;ver Trop. Abstr.No 911.

Brodie, H.J.(1978). Fungi- Delight of curiosity University of Toronto press, Toronto.

Burnett, J.H.(1975). "Mycogenetics." Willey, Nova Iorque.

Callow, E.(1831).Observations on the methods Now in use for the artifcial growth of mushrooms, with a full explanation of an improved mode of culture by which most abundant supply may be procured and continued throughout every month in the year with a degree of certainty that has in no instance failed. "Fellowes, London. Cayley, J.C., e Ritter, M.(1972).Mushroom Sci.8, 867.

Chang, S.T.(1964).The influence of cultural methods on the production and Nutritive content of *Volvariella volvacea*.Chung chi J.4,76-84.

Chang, S.T.(1965).Cultivo do cogumelo de palha no sudeste da China.World Crops 17,47-49.

Chang, S.T.(1972). "O cogumelo chinês". Universidade Chinesa de Hong Kong.

Chang, S.T.(1974).Produção do cogumelo de palha (*Volvariella volvacea*) a partir do algodão resíduos. Mushroom J.21,348-354.

Chang, S.T. and Hayes, W.A.(1978).The Biology and cultivation of Edible Mushroom Academic Press New York, San Francisco London ,p.521-554,573-600).

Chang, S.T.,and Miles, P.G.(1989).Edible Mushroom and their Cultivation Boca Raton Florida CRC Press Inc.

Chang, S.T., e Chu, S.S.(1969a).Factores que afectam a germinação de esporos de *Volvariella volvacea*. Physiol.Plant.22,734-741.

Chang, S., and Mok, S.H.(1971).Preliminary experiment of water hyacinth used as a medium for the cultivation of the padi straw mushroom.J.Hortic.soc.China 17, 194-197(in Chinese).

Chanpela, I.H., e Lizon, P.(1993).Fungi in stone Age.Mycologist 7, 121-122.

Gross, M.K., e Jacobs, L.(1969).Mushroom Sci. 7,239.

Dickinson, C., e Lucas.J.(1979).In:The Encyclopedia of mushroom.London.Orbis

Editora pp.100-103.

Dijkstra, F.J.,Scheffers, W.A., and Wiken, T.O.(1972).Submerged growth of the cultivated mushroom, *Agaricus bisporus*.Antonie Van Leeuwenhoek, 38, 329-340.

Dayal, R. e Barron, G.L.(1970).Mycologia, 62,826.

Eger, G., Gottwald, H.D., e Nezer, U.V.(1974).The actions of light and other factors on Sporophore initiation in *Pleurotus ostreatus*, Mushroom Sci.ix,575-583.

Fasidi, I.O.(1996).Estudos sobre *Volvariella esculenta*(mass) Singer: Cultivo em resíduos agrícolas e composição proximal de cogumelos armazenados.Food Chem.55(2),161-163.

Fasidi, I.O.e Kadiri, M.(1993).Efeitos da maturidade dos esporóforos na composição química de

Volvariella esculenta (mass) singer, um cogumelo nigeriano.Dienahrung.37(3)269-273.

Fasidi, I.O.e Kadiri, M.(1993).Utilização de resíduos agrícolas para o cultivo de *Lentinus subnudus* (*Polyporalia: Polyporaceae*) na Nigéria. Rev. Bio. Trop.411- 415.

Fekete, K.(1967).Phytopathol. 2,59.

Fekete,K. E Kuhn, J.(1965).Mushroom Sci.6,495.

Gandy, D.G.(1960).Nature (Londres) 185 ,482.

Gandy, D.G.(1972).Mushroom Sci.8.171.

Gandy, D.G.(1972).M.G.A Bull.257,184.

Ganney, G.W.(1972).Mushroom Sci.8,739.

Gandy, D.G., e Hollings, M.(1962).Ann.Rep.Glasshouse crops. Res. Inst.103.

Gbolagade, J.S.(2004).Bactérias associadas a culturas de *Psathyrella Atroumbonata*(Pegler) e Schisophyllum Commune(fr.Ex.fr)African Journal of Biomedical Research, Vol.7, 139-143.

Graham, K.M., and Yong, Y.C.(1974).Studies on the Padi Mushroom (*Volvariella volvacea*):Effects of bed depth on yield in old palm pericarp waste.Malay.Agric.Res.3, 1-6.

Hayes, W.A.(1977).Proc. Aston Semin. Ciência de Cogumelos.2,1

Hayes, W.A. e Randle, P.E.(1969).Rep Glass house crops Res.Inst.P.142.

Hayes, W.A. and Nair, N.G.(1975).The cultivation of *Agaricus bisporus* and other edible mushrooms.In "The filamentous fungi"(J.E. Smith and D.R Berry eds).Vol.1.pp.212-248, Wiley, New York.

Hersling, J.J. e Kempton, R.J.(1970).Proc.5th.Br insectic, Fungic.conf.p185.

Hu, K.H., Song, S.F. e Liu, P. (1973).Experiências sobre o cultivo de cogumelos chineses, I.a comparação de materiais de cultivo. II. Investigação sobre o lixo da cana de açúcar para o cultivo de cogumelos chineses e os seus factores de crescimento J.Taiwan Agric.Res.22.145-154.

Hussey, N.W.(1959).Mushroom Sci.4.160.

Hussey, N.W.(1969).M.G.A. Bull.238,448.

Hussey, N.W.(1972).Mushroom Sci.8,183.

Hussey, N.W. e Gurney, B.(1967).Acarologia 9, 353.

Hussey, N.W., e Wyatt, I.J.(1959).Mushroom Sci.4,280.

Hussey, N.W.,Read, W.G., e Heslings, J.J.(1969)." The pests of protected cultivation". Arnold, Londres.

Ivan, H.R., Antonio, C.M.,Jose, O.M., Jose, L.A., and Jose, C.B.(2003).Produção de *Shitake Lentinula edodes* em substrato de bagaço esterilizado enriquecido com farelo de arroz e melaço de cana-de-açúcar.Brazilian J. of Microbiology, 66-71.

Jonathan, S.G. e Fasidi, I.O.(2002). Requisitos de crescimento vegetativo para actividades antimicrobianas de alguns fungos superiores na Nigéria. Tese de doutoramento Universidade de Ibadan, Ibadan Nigéria.

Jonathan, S.G. and Fasidi, I.O.(2001).Studies on the requirement for vegetative growth of *Lepiota procera*(Fr).S.F. Gray, a Nigerian edible Mushroom Bull Sci. Ass.Niger 23,183 -188.

Jonathan, S.G. and Fasidi, I.O.(2003).Studies on *Psathyerella atroumbonata* (Pegler), a Nigerian edible fungus.Food chemistry 81, 481-484.

Kalberer, P. P.(1974). Experiências de cultivo de *Pleurotus ostreatus* para elucidar a influência de diferentes condições de cultivo no rendimento da cultura. Mushroom Sci.ix, 653-666.

Kedyk, V. e Smotlachova, R.(1959).Produção de cogumelos a partir de serradura. Ceska

Mykol.Sb,36,119-124.

Kligman, A.M.(1943). Alguns problemas culturais e genéticos no cultivo do cogumelo,*Agaricus campestris*.Am.J.Bot.30,745-763.

Kligman, A.M.(1950). "Hand book of Mushroom culture" Business Press,Inc.,Lancaster, Pennsylvania.

Kneebone, L.R.(1965).Spawn research at the Pennsylvania State University Mushroom Sci.6,265-281.

Kneebone,L.R.(1968).Strain selection,development and maintenance.Mushroom Sci. 7, 531-541.

Kneebone,L.R.,Lockard,J.D., e Hagar, R.A.(1962).Mushroom Sci.5.461.

Kovfeen,C.H.(1980).Mushroom Biotechnology (www.techno-preneur.net/timeis/technology/scitechfeb02/biotechnology.html) pg.15.

Kurtzman, R.H.(1974). The metabolism of fatty substances by the oyster Mushroom. Mushroom Sci.ix 557-565.

Lambert, E.B.(1930).Phytopathology 20,75.

Lambert, E.B.(1938).Bot.Rev.4,397.

Lambert, E.B.(1941).Improving spawn culture of cultivated mushrooms. Mushrooms Sci.4, 33-51.

Lelliot, R.A.,Billing, E.e Hayward, A.C.(1966).J.Appl.Bot.29.470.

Madan, M.,Vasudevan, P.e Sharma, S.(1987).Cultivo de *Pleurotus sajo-caju* em diferentes resíduos.Biol.wastes 22,241-250.

Markson,A.A.,Madunagu, B.E.,Akpan, U.D., Eshiet, E.I.(2012). Influências do crescimento de alguns aditivos no crescimento micelial e no desenvolvimento do corpo de fruto e de *Pleurotus Ostreatus (*Jacq. Et.fr.) kummer. J. of Biology, Agriculture & Healthcare.Vol.2 No 3,pp. 59-67.

Mantel, E.F.K.(1967).Mushroom Cultivation. Relatório para o Governo da Jamaica sobre o cultivo de cogumelos. Programa de assistência técnica à exportação. FAO Rep.TA.2378, p.1-19.

Naidu, N.R.(1971).Cultivo do cogumelo de palha de padi *Volvariella volvacea* (fr). Sing utilizando resíduos de cachos de palma como meio de cultura. The planter 47,190-193.

Nair, N.G. e Milham, P.J.(1970).Agric.Gaz.N.S.W.81,419.

Nair, N.G. e Fahy, P.C.(1972).J.Appl.Boteriol.35,439.

Nair, N.G.(1972).Mushroom Sci.8.155.

Nair, N.G. e Fahy, P.C.(1973).Aust. J.Agric.Res.26,509.

Newman, R.H. e Savidge,M.(1969).M.G.A.Bull.232,161.

Oci,P.(1986).Mushroom cultivation with special emphasis on appropriate techniques for developing Countries.2nd ed.Leiden:tool publications.p.274.

Ogundana,S.K. and Fagade, O.E.(1982).Nutritive value of some Nigerian edible Mushrooms. Food chem.8.263-268.

Oso, B.A.(1977).*Pleurotus tuber-regium* da Nigéria.Mycologia 69,271-279.

Oso, B.A.(1981).Fungi and Mankind Universidade de Ibadan (Nigéria).Palestra inaugural 40.

Pizer,N.H.(1937).J.Agric.Sci .27,349.

Pizer, N.H. e Thompson, A.J.(1938).J.Agric.Sci 28,604.

Quimio, T.H., Chang, S.T. and Royse, D.J.(1990).Technical guidelines for mushroom growing in the tropics.paper 106 Rome:FAO plant production and protection.

Rasmussen,C.(1962).Mushroom Sci.5,91.

Ruihong, Z.,Xiujin,l.,Fadel, J.G.(2002).Oystermushroom straw,Bioresource Technology 82 p.277-284.

Schanel,L.(1970).Efeitos do dióxido de carbono no crescimento de fungos decompositores da madeira.Folia Biol .(Praga)1 1,67-72.

Schisler, L.C.(1974).Mushroom News 22(6),6.

Schisler,L.C.,Sinden, J.W.e Sigel, E.M.(1967).Phytopathology 57,519.

Schroeder, M.E.,Barr, W.I.,Schisters, I.C. e Snetsinger, R.(1970).A preview of the Mushroom Test Demonstration.

Sengbusch, R.,V.,Huhnke,W.,Lemke, G.e Till, O.(1971).Verfahren und Vorrichtung zum kultivieren von Champignon.Deutsches Patentamt, Patatschrift.

Sinden, J.W. e Hauser,E.(1950).Mushroom Sci.1.52.

Sinden, J.W. e Hauser, E.(1953).M ushroom Sci.2,123.

Sinden, J.W.(1971).Annu.Rev.Phytopathol.p, 411.

Sinden, J.W.(1972).Mushroom Sci.8, 124.

Sinden, J.W., e Hauser, E.(1950).Mushroom Sci.1.96.

Singer, R.(1961). "Mushrooms and Truffles" (Cogumelos e trufas). Wiley (interscience), Nova

Iorque.

Smith, F.E.V.(1924).Trans.Br.Mycol.soc.10.81.

Smith, F.J.(1993).The mushroom industry, In:Jones,D.C.(ed) Exploitation ofmicroorganisms. Londres: Chapman and Hall: pp 260-271.

Stamets, P.(1993).Cultivo de fungos gourment e medicinais.Ten speed Berkely.C.A.

Stanek, M., e Rysava, J. (1971). Aplicação de microrganismos termofílicos na fermentação do substrato nutritivo para a cultura de Pleurotus ostreatus(Jacq.ex fr.) Kummer, Mykol.Sb.8.59-60.

Toren, A.(1967).Biological peculiarities of the mycelium of higher mushrooms grown in submerged culture, mushroom sci. 6, 83-89.

Toth, E.(1970).Métodos estéreis para a produção de *Pleurotus ostreatus*.Gradinarstvo 6, 42-44.

Treschow, C.(1941).Dan Bot.Ark.11, 1.

Tschierpe, H.J.(1958).Die Bedeutung des kohlendioxyds fur den kulturchampignon. Dissertação, Technische Universitat, Berlim.

Tschierpe, H.J.(1959).Der Einfluss von kohlendioxyd auf das myzelwachstum des kulturchampignons.Mushroom Sci.4,211-221.

Tschierpe, H.J.(1972). Uber Umweltfaktoren in der Champignonkultur. Mushroom Sci.8, 553-591.

Tu, C.C.,Cheng,Y.H., e Hu, M.F.(1972).O efeito de vários tipos de estopa de sisal na frutificação do cogumelo de palha.Taiwan Agric. Qu.8,189-192(em chinês com resumo em inglês).

Tucker, C.M., e Routien, J.B.(1924).M.Agric.Exp.st.Res.Bull.358.

Tzeng, D.S.(1974).Estudos sobre as necessidades nutricionais e o aperfeiçoamento das técnicas de cultivo do cogumelo de palha Volvariella volvacea (Bull.ex.fr.)Sing. Tese de Mestrado, Nath. Chung Hsing Univ.,Taichung,Taiwan.

Uddin, M.N.,Yesmin,S.,Khan, M.A.,Tania, M.,Moonmoon, M.,Ahmed,S.(2011).Produção de Oyster Mushroom em diferentes condições sazonais do Bangladesh. J. Sci. Res.3 (1), 161-167.

Valley, G., e Rettger, L.F.(1927).The influence of carbon dioxide on bacteria. J.Bacteriol. 14,101-137.

Victoria, I.J., Agina, S.E.(2002).Cultivo de Pleurotus ostreatus em serradura.Nigeria J.of Botany.Vol.15, p53-56.

Wuest, P.J.(1971).Mushroom News 19, 1 .

Wyatt, I.J.(1970).Ann. Appl.Biol.66,497.

Yau,C.I.C., e Chang, S.T.(1972).Resíduos de algodão para cultivo interior de cogumelos de palha World Crop 24,302-303.

Yoder, J.B., e Sinden, J.W.(1953).Mushroom Sci.2,133.

Yong, Y.X., e Graham, K.M.(1973).Estudos sobre o cogumelo padi (Volvariella volvacea).

Utilização de resíduos de pericarpo de óleo de palma como substrato alternativo. Malay.Agric.Res.2,15-22.

Zadrazil, F., e Schneidereit, M.(1974c). A ecologia e a produção industrial de Pleurotus ostreatus, Pleurotus florida, Pleurotus cornucopiae e Pleurotus eryngii.Mushroom Sci.ix, 621-652.

Zadrazil, F.(1975a).Influência da concentração de Co2 no crescimento do micélio de três espécies de Pleurotus.Eur. J.Appl.Microbiol.1,327-335.

Zadrazil, F.(1980a).Conversão de diferentes resíduos vegetais em ração por basidiomicetos. Eur. J. Appl. Microbiol.Biotechnol.9,243-248.

Zadrazil, F.(1980a).Influência do nitrato de amónia e de suplementos orgânicos no rendimento de Pleurotus sajor-caju.Eur.J.Appl.Microbiol.Biotechnol.9,31-35.

MIX
Papier aus verantwortungsvollen Quellen
Paper from responsible sources
FSC® C105338

Printed by Books on Demand GmbH, Norderstedt / Germany